专家帮你
提高效益

怎样提高 母猪繁殖效益

主　编　李喜才
副主编　邢正龙　曾庆勋
参　编　李和平　李松峰　李永真
　　　　许木生　徐卫杰　邓曾德

机械工业出版社

本书紧贴母猪繁殖实际，详细、全面、系统地阐述了母猪繁殖的现状、存在的问题，分析了繁殖效率低下的成因、影响因素和解决途径。主要内容包括：提高母猪产能、提高繁殖质量、加强妊娠母猪饲养管理、提高母猪哺育能力、精细化优育仔猪、加强母猪日常饲养、强化免疫力管理、加强后备母猪管理、降低“二胎综合征”。

本书适于广大畜牧兽医从业人员，特别是中小规模猪场母猪饲养管理一线工作者，以及畜牧兽医专业师生阅读。

图书在版编目（CIP）数据

怎样提高母猪繁殖效益/李喜才主编. —北京：机械工业出版社，2021.3

（专家帮你提高效益）

ISBN 978-7-111-67599-0

Ⅰ.①怎…　Ⅱ.①李…　Ⅲ.①母猪-繁殖　Ⅳ.①S828.3

中国版本图书馆 CIP 数据核字（2021）第 034870 号

机械工业出版社（北京市百万庄大街 22 号　邮政编码 100037）

策划编辑：周晓伟　高　伟　责任编辑：周晓伟　高　伟

责任校对：张　力　责任印制：孙　炜

保定市中画美凯印刷有限公司印刷

2021 年 4 月第 1 版第 1 次印刷

145mm×210mm · 6.25 印张 · 2 插页 · 205 千字

0001—3000 册

标准书号：ISBN 978-7-111-67599-0

定价：35.00 元

电话服务　　　　　　　　　网络服务

客服电话：010-88361066　机　工　官　网：www.cmpbook.com

010-88379833　机　工　官　博：weibo.com/cmp1952

010-68326294　金　书　网：www.golden-book.com

　机工教育服务网：www.cmpedu.com

前言 PREFACE

我国是名副其实的养猪大国，但不是养猪强国。据权威部门连续多年的统计，改革开放40多年来，我国生猪养殖业得到了快速发展，生猪养殖量占世界生猪养殖总量的56.6%，而每年猪肉生产量却不足世界猪肉生产总量的50%，与养猪发达国家相比生产效率低、饲养成本高、收益差。其中，母猪繁殖力低下是困扰我国养猪业的主要问题，成为我国养猪业提质增效的“瓶颈”，严重制约着我国养猪业的发展。母猪是养猪业的核心和源头，肩负着繁育仔猪、提供猪源的重要任务，是养猪业持续良性发展的重要保障。随着养猪育种理论与饲养技术的不断发展，现代优良基因型母猪的繁殖能力和哺育能力比40多年前有了较大提高，但也使母猪优良繁殖性能的发挥面临极大压力。目前，尽管我国饲养的大多是优良基因型种猪，配备了现代化的设施、设备，日粮营养更完善，使用的是高科技疫苗和药物，但母猪繁殖潜能仍没有得到充分发挥，繁殖效率普遍低下，集中表现为母猪生不多、养不活、不发情、配种难、分娩率低和淘汰率高等问题。因此，如何改善和提高母猪繁殖效率，充分挖掘其繁殖潜能，不仅让母猪多生、优生，还要能养得活，是亟待解决的主要问题。这也是我们编写本书的出发点和落脚点，目的是让广大从业者，特别是一线生产管理者全面、系统地掌握提高母猪繁殖潜能和效率的基本知识和技能，进而提高我国母猪的实际生产水平。

我们根据30多年母猪饲养管理教学、科研和规模猪场的服务经验，基于目前我国乃至世界养猪业存在的母猪繁殖效益低下等诸多难题，在查阅大量国内外文献资料的基础上，对比了传统母猪饲养管理与国内外

现代基因型母猪饲养管理存在的差距，深刻剖析了母猪饲养管理存在问题的症结和根源，客观公正地总结了我国母猪饲养过程中存在的突出问题和主要矛盾，深入探讨了影响母猪繁殖效益的主要因素。

在本书编写过程中，参考了国内外权威期刊、工具书、专著、教材等资料，得到了部分专家、学者、同事和行业同仁的热忱帮助和关心支持，在此表示崇高的敬意和衷心的感谢。

需要特别说明的是，本书所用药物及其使用剂量仅供读者参考，不可照搬。在生产实际中，所用药物学名、常用名与实际商品名称有差异，药物浓度也有所不同，建议读者在使用每一种药物之前，参阅厂家提供的产品说明以确认药物用量、用药方法、用药时间和禁忌等。购买兽药时，执业兽医有责任根据经验和对患病动物的了解决定用药量及选择最佳治疗方案。

由于编写水平有限，书中难免存在不足与纰漏之处，恳请广大读者提出宝贵意见。

编者

目录 / CONTENTS

第一章
提高母猪产能，向多生要效益

第一节　母猪产能存在的主要问题与影响因素

一、母猪产能现状与存在的问题

1. 母猪产能的现状

母猪持续不断地繁衍后代的生育能力和哺育能力是养猪产业永续发展的坚实基础。只有多生、优生和多活，养猪产业才能生存和发展，养猪经济效益才能提高。合格的断奶仔猪是母猪的主要产品，直接决定猪场经济效益。因此，国内外主要以每头母猪年提供断奶仔猪数（PSY）作为衡量母猪产能的最重要指标。其计算公式为：

PSY = LSY × 窝均断奶合格的仔猪数

LSY = 365 ÷ 繁殖周期

其中，LSY 是胎指数或周转率。

一个繁殖周期 = 妊娠天数 + 哺乳天数 + 断奶至配种间隔

= 114 天 +（21 ~ 28）天 +（3 ~ 7）天

随着育种技术的发展，欧美养猪发达国家 PSY 普遍提高到 22 头以上，最好的猪场可达到 25 头以上。据权威部门统计，2015 年我国 PSY 平均水平已达到 20 头，中小规模猪场平均 18 头，部分养猪集团平均水平已达到 25 头。

2. 母猪产能存在的主要问题

（1）窝产仔数、活产仔数偏低　初生母猪原始卵泡库中有 60 万 ~ 100 万个卵母细胞，母猪的繁殖潜能巨大。因此，有人把母猪比喻成猪场的“发动机”，养猪盈利的“印钞机”。但性成熟后从排卵、受精到母猪终生产仔数仅有 50 ~ 60 头，说明 99% 的卵母细胞被浪费。虽然我国引进了世界最优秀的种猪，且现代育种技术又提高了母猪窝产仔数，但实际生产过程中，就产仔数而言，仍不尽人意，说明母猪远未充分发挥其应有的繁殖潜能。如果仅增加1%~2%的卵母细胞孕育成仔猪，则母猪的终身产仔数将增加100多头。近年来我国PSY提高了一倍左右，但与发达国家水平相比窝产仔数、活产仔数、PSY等仍有一定的差距。

(2）母猪周转率低下 理论上讲，每头母猪年周转率应为2.6窝［365天÷(114天+21天+5天)］或2.48窝［365天÷(114天+28天+5天)］，但实际生产中远低于该指标。目前，我国猪场母猪年周转率平均最好水平为2.00~2.25窝，少部分规模猪场平均为2.1~2.3窝，部分猪场不足2窝。与欧美2.35窝相比，仍处于盈亏临界点，远低于潜在繁殖潜能。

(3）母猪利用率低 母猪的利用率即服务年限，是衡量一个国家养猪行业和一个养猪企业生产力水平的重要尺度。母猪利用率越低，服务年限越短，淘汰率就越高，终生产仔数就越少。我国母猪淘汰率平均在30%以上，少部分猪场在50%以上。值得注意的是我国淘汰母猪中，大部分是主动淘汰，而养猪发达国家绝大部分是被动淘汰。

(4）断奶后发情延迟或乏情比例偏高 目前，我国中小规模猪场普遍存在发情配种率不足80%的事实，即有20%的母猪“带薪休假”。部分规模猪场发情配种率在80%~85%，极少部分规模猪场达到90%~95%，即便如此也仍有5%~10%的母猪乏情。因为乏情母猪淘汰率高达40%~80%，所以严重影响了母猪的产能和繁殖效率。

二、影响母猪产能的主要因素

PSY由母猪年分娩窝数和窝断奶仔猪数两个指标所决定，除这两个指标外，母猪“终生产仔数”也应该认定为衡量母猪产能的重要指标。每头母猪窝断奶仔猪数对PSY的贡献率为65%，每头母猪每年分娩窝数对PSY的贡献率为35%（见图1-1）。其中，影响窝断奶仔猪数的主要因素为窝活产仔数，对PSY的贡献率为70%；断奶前存活率对PSY的贡献率为30%。母猪年分娩窝数主要受非生产天数（NPD）和哺乳期长短的影响。随着规模猪场哺乳期缩短至28天以内，非生产天数成为影响年分娩窝数的决定因素，贡献率为90%，影响最显著。增加非生产天数会减少母猪年产窝数，从而影响PSY。非生产天数多少取决于断奶发情间隔、返情率和死淘率。其中，发情间隔、返情率的影响最直接。对影响母猪产能的诸多因素进行大量的分析发现，对 PSY 有显著影响的 5 个因素按其重要性依次为：非生产天数、断奶前仔猪死亡率、配种分娩率、窝活产仔数、窝产死胎率。其中非生产天数、妊娠早期胚胎死亡率和哺乳期仔猪死亡率是影响窝活产仔数和 PSY 潜在生产力下降的关键因素。早期胚胎死亡和断奶前死亡的仔猪中，只有少部分死亡是不可避免的，大部分死亡是可以通过合理的饲养管理避免的。

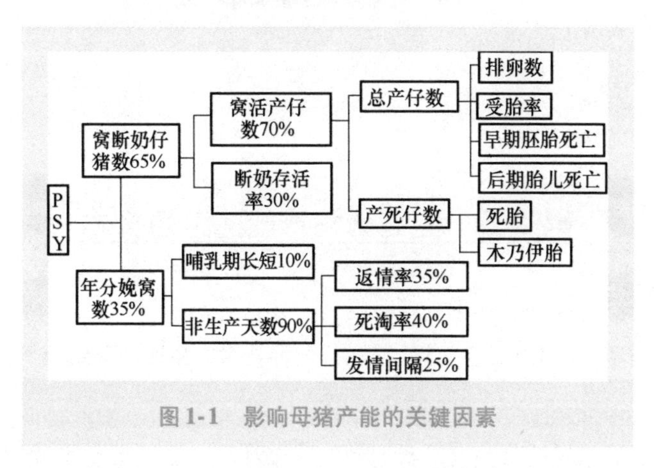

图 1-1　影响母猪产能的关键因素

保持一个合理、动态的胎龄结构，对母猪产能和繁殖效率同样重要。随着母猪胎龄的增长，窝产仔数逐渐增加，至 6 胎以后呈下降趋势，同时弱仔、死胎也逐渐增多。正常情况下，3～6 胎次母猪分娩率和活产仔数大于 1～2 胎和 7 胎以上。因此，在整个母猪群中，通常 2 胎以下的母猪占比应小于 30%，3～6 胎的母猪占比应为 45%～55%，6 胎以上的母猪占比应小于 20%（见表 1-1）。当第 6、7 胎龄的母猪超过 20% 时，弱仔会明显增多，严重影响 PSY。所以，最佳胎龄结构平均胎次应保持在 2.5～3.0。根据这一规律，母猪的繁殖利用年限为 3～4 年，基础母猪群每年应更新 20%～25%；“全进全出”制集约化工艺流程的猪场母猪年更新率应大于 30%。过早淘汰母猪对最佳胎次结构存在负面影响，且该负面效应会因后备母猪管理不当而进一步恶化。高不孕率是过早淘汰母猪的重要原因，迫使后备母猪提前进入繁殖猪群，从而导致年产仔猪数严重降低。培养员工的主人公意识、良好的工作态度、制定合理的绩效考核制度和激励机制、完善的薪酬待遇、过硬的专业技术培训等，都是提高母猪产能和繁殖效率的重要组成部分。生产中比较两个生产群的母猪生产性能时发现，员工经过良好培训的猪场 PSY 提高了 5%～6%。基于母猪繁殖生理复杂性的原因，任何单项技术和措施皆不能从根本上解决母猪产能低下的问题。本章后面内容将重点介绍提高母猪产能的关键性技术措施。

表 1-1　繁殖母猪群胎次结构

胎次	1	2	3	4	5	6
活产仔数/头	9.5	10	10.5	11	11.5	12
占比（%）	18～20	16～18	15～17	14～16	13～15	11～12

第二节　提高母猪产能的繁殖技术

在影响母猪产能的诸多因素中，繁殖技术最关键。常用的繁殖技术包括发情鉴定、最佳输精时机把握、配种技术、精液品质检查等。

一、发情鉴定

准确鉴定发情是有效控制配种的关键环节，其关键在于准确判断母猪静立反射，锁定最佳配种时机。由于查情质量直接影响发情鉴定的结果，因此要求配种员将 1/3 的工作时间放在发情鉴定上，且必须具备过硬的专业技能，丰富的经验和兢兢业业、一丝不苟、高度认真负责的工作态度。

1. 母猪发情表现

母猪生殖器官已发育完全，具备周期性繁殖能力时称为性成熟。性成熟时间以首次出现发情和排卵为准，又称初情期。我国地方猪种性成熟一般为 3 月龄；现代基因型母猪性成熟通常为 150～180 日龄；杂种猪初情期介于两者之间。因卵泡发育具有周期性，故母猪生殖器官变化和发情表现也呈现周期性，称为发情周期。发情周期分为发情前期（也称卵泡发育期）、发情期（2～3 天，可接受配种）、发情后期和间情期（又称休情期、黄体期）。不同母猪表现出不同的发情强度和发情期长度，但都具有共同的特点。发情前期：又称卵泡发育期，表现为兴奋不安，采食量明显下降，外阴部红肿，并试图爬跨其他猪

只，但拒绝交配，人接近时有躲避反应。发情期：母猪眼睛发呆，头向前倾，两耳竖立（大约克母猪表现最明显；大白母猪耳尖向后背；长白、杜洛克母猪耳朵轻微向上翘），喜欢接近公猪，外阴有可见黏稠、白色的分泌物（经产母猪明显）。用手推或用膝盖顶母猪的乳房、腹部及肷部、屁股时，母猪表现为顺从和配合反应，即为排卵高峰期。被其他母猪爬跨时站立不动，这时用手按压背部，两后腿叉开，尾巴上翘，呆立不动，这种现象称为静立反射。这些表现，后备母猪持续1～2天，经产母猪持续2～3天，此时配种受胎率、产仔数最高。发情后期：外阴部开始收缩，颜色变淡，食欲正常，精神安定，站立反应消失，拒绝交配。

2. 发情鉴定方法

（1）外部观察法 母猪发情时极为敏感，一有动静马上抬头，竖耳静听。平时贪吃爱睡，发情后常在圈内不停地来回走动，或常站立在圈口。非发情期，阴户不肿胀，阴唇紧闭，中缝像一条直线。若阴唇松弛，闭合不严，中缝弯曲，阴唇颜色变深，黏液量较多，即可判断为发情。

（2）公猪试情法 该方法是目前最有效的发情鉴定方法。经产母猪从断奶后的第1天开始，用一头（涉及母猪审美标准，欧洲国家先后使用不同的两头公猪）性欲旺盛，且能分泌许多唾液的公猪与母猪直接身体接触进行试情，2次/天，每次10～15分钟。试情时，一人驱赶公猪，另一个人在公猪前面用赶猪板限制公猪的行进速度。当公猪在场时，另外一人按压母猪背部或骑背，或人工按摩刺激母猪的肋部、腹部、外阴部。发情的母猪可在5分钟内做出反应，没有反应的需要12～24小时后重新试情，以准确判断母猪“首次”出现静立反应的时间。检查人员应注意观察母猪的行为表现，并现场记录，所有或部分症状均可在发情时观察到。

【提示】

实施背部按压查情时，争取让公猪面对面刺激：包括鼻对鼻接触；或把公猪直接赶进母猪栏，公猪会嗅闻母猪肋部并企图爬跨，产生直接刺激。

（3）人工试情法 试情时如果母猪不躲避人的接近，用手按压后躯时，表现静立不动并用力支撑，用手或器械接触其外阴部也不躲闪，说明正在发情。通常未发情的母猪会躲避人的接近或触摸其阴部时躲闪。发情检查多采用人工试情与公猪试情相结合的方法。

（4）其他方法 利用仪器测量母猪阴道黏膜电阻值的变化也可以判断母猪发情和排卵情况。荷兰学者给开放猪舍的群饲母猪身上佩带电子识别器，并在公猪圈旁安装电子接收器，他们发现母猪在接近静立反射期时，在公猪圈旁逗留的时间越来越长。

【提示】

个别母猪断奶后1~2天就开始出现静立反射，这种现象称为“假发情”，此时配种很难受胎。而有些母猪具有上述一切发情特征，但实际并没有发情。还有个别母猪已经发情，但却没有上述发情特征。针对这些特殊情况，发情鉴定时须仔细认真地观察、判断，加以区分。

【小经验】

一般每天上午、下午饲喂后0.5小时各查情一次，与24小时查情间隔相比，8~12小时查情间隔有提高产仔率和产仔数的趋势。

二、准确把握最佳配种时间

配种是繁殖技术的核心，配种质量的高低直接影响受胎率、产仔数、分娩率。不同母猪的发情持续时间和排卵时间不一样，经产母猪大多数在发情后24~56小时排卵，持续排卵4~6小时。排卵后，卵子在输卵管壶腹部停留2天等待受精，并保持8~10小时的受精能力。精子进入母猪生殖道内，须经15~30分钟才能到达受精部位。精子在母猪生殖道内存活时间平均为20小时，最长时间为42小时，具有受精能力的时间为25~30小时。因此，精子必须在母猪排卵前到达输卵管受精部位壶腹部，并在此过程中（这一过程大约需要6小时）获能才具有受精能力。即经产母猪最佳理论配种时间是在排卵前0~24小时，可获得最大窝产仔数。实际生产很难判断母猪排卵的准确时间，但各种不同情况的发情母猪最佳配种时间皆是出现“静立反射”（见图1-2）时。

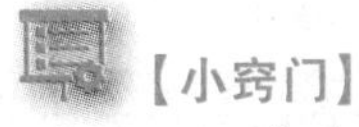

【小窍门】

准确鉴定母猪阴门颜色、肿胀情况、分泌物变化特征是熟练掌握最佳配种时间的关键环节。发情初期阴道黏膜肿胀、发亮、略呈暗红色（见彩图1），分泌的黏液较清亮且稀薄、无黏度，在食指与拇指间不能扯拉成丝，配种尚早；进入发情盛期时阴道黏膜呈深红色，水肿稍消退，阴户稍微有皱褶，黏液变得较黏稠混浊有黏度（见彩图2），在手指间可缓慢拉成0.5厘米的丝且颜色为浅白色（见彩图3），在手指间搓时手感极光滑，此时即为配种最佳时机。当黏液变为黄白色，阴户变成紫红色、皱缩特别明显时，多数母猪会拒绝配种，说明已过最佳配种时机（见彩图4）。民间谚语有：母猪发呆，配种受胎；按腰不动，一配就中；阴户打皱，配是时候；阴户粘草，配种正好；黏液变稠，正是火候。这段话所指的时间就是静立反射期。由于青年母猪发情持续期比经产母猪短，故有“少配早，老配晚，不老不少配中间”的说法。

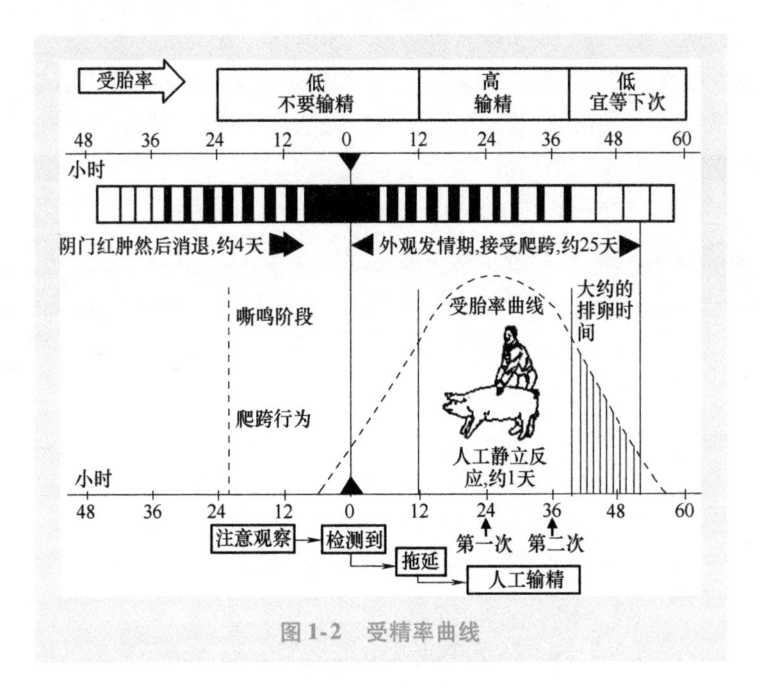

图1-2　受精率曲线

三、合理的配种制度

不同情况的发情母猪，其配种制度也不同（见表1-2）。断奶后母猪发情时间越早，发情持续时间越长，排卵时间就越迟；发情时间越晚，发情持续时间越短，排卵时间就越早。正常情况下，母猪断奶后3～5天就开始发情。如果是断奶后一周内发情的母猪，则排卵时间为41～61小时。如果过早配种，卵子尚未排出，等到卵子排出时精子已死亡，无法受胎。相反，断奶后7天以上发情的母猪排卵时间为14～20小时，配种过迟，卵子排出后很久，精子才进去，此时卵子已衰老失去受精能力，同样无法受胎。因此，断奶后3～4天发情的母猪，出现静立反射后延迟24小时再配种，间隔23～30小时第二次配种，受胎率可达70%以上；配种1次和3次成功的比例约各占15%。断奶后5～6天发情的母猪，出现静立反射后延迟12小时再配种。断奶后6～7天发情的母猪，首次配种在发情当天中午或下午，间隔8～12小时，次日上午或中午第二次配种。对于断奶后7天以上发情的母猪，上午发现静立反射，下午立即输精一次，第二天下午再进行第二次输精；若下午发现静立反射，第二天上午输精一次，第三天上午再进行第二次输精。对于断奶7天后仍不出现静立反应，但有分泌物排出时可以首次输精，间隔6～10小时后第2次输精。具体输精时间还应根据配种员的经验以及母猪外阴部变化及黏液的性状、黏稠度来判断。

表1-2　各种情况的发情母猪首次配种时间

断奶后发情时间/天	发情持续时间/小时	配种时机
3～4	40～72	首次出现静立反射延后24小时配种
5～6	35～60	首次出现静立反射延后12小时配种
7以上	32～50	马上配
后备、超期母猪	12～30	马上配
返情母猪		马上配
问题母猪		马上配

注：马上配制度是指上午发情，上午配，下午配第二次；下午发情，下午配，次日上午配第二次。

无论是配种后18～25天的正常返情或25～30天的不规则返情，返

情后都不能立即配种。主要有四方面原因：一是子宫环境没有恢复；二是生殖道抗病能力很差；三是刚流产的猪基本上不排卵；四是营养储备不足。妊娠后20天左右时间里母猪是严格限饲的，仅能满足维持需要，在如此低的营养条件下，排卵机制欠佳，返情后即便发情，排卵数少、卵泡质量差已是必然，此时配种受胎率不足30%。因此，返情后及时配种其实是一种得不偿失的做法。正确的做法是先催情补饲和抗菌消炎恢复生殖机能，等待下一个发情期再配种。

【提示】

断奶后0~2天（含2天）的母猪出现静立反射属于“假发情”，不能配种，须等下一个发情期再配种。原因是这类母猪可能在产房已发过情或正在发情，输精时机不易把握，如果此时配种，返情率很高。其次，初产母猪因泌乳期体况损失较大，再配种受胎率和胚胎存活率都会下降，最好补充营养后下一个发情期再配种。

【提示】

对于断奶7天以内的发情母猪，配种3次可提高产仔数，因为第三次配种时间是站立反射后的46小时。对断奶7天以上的发情母猪，配种3次没有意义，因为第三次配种时间是在站立反射后22小时，卵子已无受精能力。

四、正确选择配种方式

1. 自然交配

自然交配包括单次配种、重复配种、双重配种和多次配种。单次配种是指母猪在一个发情期内，只用一头公猪交配一次的配种方式。其优点是能减轻公猪的负担，减少公猪饲养量和提高利用率，缺点是可能降低受胎率和产仔数。重复配种是指母猪在一个发情期内，用同一头公猪先后交配两次并间隔12小时的配种方式。其优点是可提高母猪的受胎率和产仔数，缺点是增加公猪的饲养头数。双重配种是母猪在一个发情期内，用不同品种的两头公猪或同一品种的两头公猪交配，先后间隔5~10分钟各配1次的配种方式。因交配有促进排卵作用，所以双重配种对提高受胎率和产仔数具有明显效果。多次配种是指一头母猪在一个发情期内用数头公猪交配的方法。

2. 人工授精

人工授精具有受胎率高、产仔多等特点，是目前广泛使用的一种授精方法。其优点为：减少精液回流浪费；每次输精的精子数由原来的30亿减少至20亿；与传统输精量相比，由原来的80～100毫升/次减少至50毫升/次，减少近一半；增加每头公猪配种的母猪数量60头左右，减少公猪饲养量40%；输精效率高、输精时间短、劳动强度低；母猪受胎率和产仔数高；优良基因公猪价值发挥到最大化。但由于输精精子数较少，故必须确保精子质量；由于输精时使用精液剂量较少，导致子宫免疫刺激降低，增加了子宫感染的风险，因此，需要更高的授精技术。实践证明子宫内深部输精法可节约精液近20%，提高窝产仔数0.5头左右，对提高母猪产能具有显著效果。目前，该方法已广泛推广应用。

【注意】

输精时后备母猪选用尖头输精管，经产母猪选用海绵头输精管，在饲喂前或饲喂后2小时进行。用于输精的精液最好现用现配，当天用完；保存、运输时间以不超过24小时为宜。保存温度不低于精子最低临界温度14℃，因低于14℃对精子活力的冷打击是不可逆的，精液从17℃冰箱取出后不需升温。每次输精量以50毫升为宜，精子活力大于或等于0.7，活精子数大于或等于20亿，输精时间大于或等于5分钟。输精次数为初产3次，每次间隔12小时；经产2次，间隔24小时。

人工授精的具体操作过程如下：

第一步：将母猪外阴清洗干净，并消毒。

第二步：将泡沫头管斜向上方约45°插入到阴道内，插入25～30厘米（1～2胎次母猪插入25厘米，6胎次以上插入35厘米），感觉有阻力时，说明输精管顶部已到子宫颈口。此时，轻轻旋转输精管，稍用力再向前推进1～2厘米，顶部进入子宫颈第2～3皱褶处。发情好的母猪便会锁定输精管，回拉时感觉有一定的阻力，确定被锁进（见彩图5）。

第三步：把内部细长的输精管慢慢送入母猪子宫体内部。插入细管时要细心、耐心，动作要轻柔。然后，连接精液袋或瓶，并轻轻挤压，将精液输入母猪生殖道内。

第四步：为防止精液倒流，精液输完后不要急于取出输精管，应保持5~10分钟，再慢慢地拉出内管。拉出内管时精液袋要高于母猪子宫水平位置，预防精液回流于精液袋中。外管要左右旋转，连同泡沫头输精管一起向外拉，并查看精液管管头颜色。

【提示】

青年母猪首次发情先用结扎过的公猪自然交配，第二或第三次发情再人工授精，比仅采用人工授精窝产仔数可提高0.7头。初产母猪不适用子宫内深部输精技术。

【注意】

输精过程中凡出现排尿情况，应及时更换输精管，三次输精后12小时仍出现稳定发情的母猪可追加一次输精。输精结束时严禁拍打或脚踹母猪臀部（配种员习惯动作），因这会使母猪产生应激反应，干扰“爱情激素”分泌，影响精液继续流向输卵管。

【小经验】

双重配种和混合精液有利于提高母猪产仔数、受胎率。

五、提高精液品质

1. 准确鉴定不合格精液

精液品质是公猪繁殖力的一个重要指标，也是提高母猪产仔数、配种受胎率的关键因素之一。常见精液等级划分和品质指标见表1-3。

表1-3 精液等级对照表

精液等级	射精量/（毫升/次）	精子活力	精子密度/（亿个/毫升）	精子畸形率（%）	颜色、气味
优	>250	>0.9	>3.0	<5	正常
良	>200	>0.8	>2.0	<10	正常
合格	>150	>0.7	>0.8	<18	正常
不合格	<80	<0.6	<0.6	>18	异常

(1) 直观指标

① 射精量不足。射精量是指收集公猪每次射出的除胶状物质外的全部精液，青年公猪150~200毫升/次，成年公猪200~300毫升/次，个别公猪700~800毫升/次。正常采精频率下，经多次测量射精量平均小于80毫升/次时，为射精量不足。射精量不足反映公猪的性功能低下，生精能力下降，与精液其他指标有较强的相关性。

② 色泽异常。精液正常颜色从浅灰白色到浓乳白色，精子密度越大，颜色越白。呈红色的精液是常见的质量问题，如混有极少量血液时略微呈红色，混有大量陈血时呈暗红色，混有鲜血时呈鲜红色（又称血精）。鲜红色的精液一般是生殖道下部出血，且在采精或交配时出血，如龟头溃疡出血。轻度出血，只在射精时有少量血液滴入精液；严重出血时，排出的尿液以及包皮液中均呈红色。混有陈血可能是生殖道上部出血或副性腺出血，且在射精前已经出血，血液被临时贮存在副性腺或尿道内，射精时随同精液一起排出。血精不建议输精，并对出现血精的公猪进行治疗，停止采精最少5天。此外，绿色或黄绿色精液可能混有脓液，主要原因是副性腺发炎化脓造成，应尽快淘汰公猪，无治疗意义。精液混有尿液呈淡黄色，老龄公猪偶尔出现。

③ 气味异常。正常精液略带腥味，若有臭味，多由副性腺发炎化脓含有脓性分泌物所致，生产中并不多见。如果两次采精发现有臭味的精液，且精子活力为零，应淘汰公猪。有臊味的精液多混有尿液或包皮液（二者可使精子迅速死亡和凝集）所致，其原因是尿潴留，或采精前没有挤净包皮液，射精时与精液一起排出体外。

(2) 微观指标

① 精子密度低。精子密度是指每毫升精液中含有的精子数，正常为2亿~3亿/毫升，个别可达到5亿/毫升，低于0.6亿/毫升则视为不合格精液。一般射精量越大，精子密度越低，精子密度越低，精液透明度就越高，凡透明度高的精液，直接按不合格精液处理。

② 精子活力低。精子活力是指直线运动的精子数占总精子数的百分率，只有直线运动的精子才具有受精能力。我国采用10级评分制，若全部为直线运动的精子，其活力为1.0分，含90%直线运动的为0.9分。正常新鲜精液精子活力应大于0.7分，小于0.6分则视为不合格。

③ 畸形精子多。畸形精子是指形态结构异常的精子，如巨型、断头、断尾、顶体脱落、双头、双尾等。畸形精子一般不能直线运动，不具有受精能力，但不影响精子密度。初配种公猪精子畸形率往往偏高，当精子畸形率大于18%时属于不合格精液。

2. 提高精液品质的措施

（1）加强后备公猪选育 影响公猪精子产量的因素包括影响精子发育与影响精子功能两种。影响精子发育的因素主要发生在仔猪出生后的前两个月，有试验分别测量初生重小于或等于1千克和较高初生重仔猪从出生到成熟期间睾丸发育和精子产量，结果表明初生重高的公猪在8月龄时其睾丸重量比初生重低的公猪高16%，精子数量多53%。当公猪一直采精到24月龄时，睾丸体积和每次射精量也分别比低初生重公猪高24%和19%。据此，可以通过初生重大小预测公猪睾丸发育和精子生成情况，初生重大的仔猪拥有更多支持细胞。此外，断奶前生长发育状况、人为驯化对精子产量也具有显著而永久的影响。影响精子功能的因素往往出现在生长发育期以后，主要影响因素有光周期、营养、温度、采精频率、饲养环境等，且都对支持细胞释放精子和精子在附睾中的成熟具有负效应。公猪的射精量还受品种（杜洛克<长白<大白）、年龄、季节、采精制度、环境和饲养管理水平等多种因素的影响，改善饲养管理水平可降低不利影响。从个体差异上看，睾丸长轴的长短和阴囊周径的大小（即睾丸体积）代表着公猪生精能力的大小。

（2）合理的营养与饲喂制度 全面均衡的营养与饲喂制度是维持公猪适宜膘情、正常性欲、交配敏捷程度，保持公猪正常生精能力的基础。低能量水平会减少精子的生成和公猪性欲；提高日粮能量水平，虽然不影响精子数量和质量，但会导致公猪肥胖、体型变大而倦怠，从而影响公猪交配和性欲，增加肢蹄发病率。交配与精液合成的能量需要约为总需要量的3%，故可不考虑。日粮蛋白质水平缺乏影响精液产量和质量，限制饲喂或配种频率较高时，提高日质粮蛋白质水平是非常有益的。种公猪日粮适宜蛋白质水平为14.5%，能量水平为12.56兆焦代谢能/千克，赖氨酸为0.68%，蛋氨酸+胱氨酸为0.44%，或者日摄入蛋白质量390克、赖氨酸18.3克、蛋氨酸+胱氨酸11.9克。

在一定范围内，增加采食量，短期内可达到最大精液产量，但公猪体重也快速增加，这会导致利用年限缩短，淘汰率上升，终生精液总产量减少。适度限饲，虽然每次精液产量略有减少，但利用年限延长，终生精液产量多。不合理的营养或过度限饲，都会导致精液品质下降。适当运动、合理的营养、适度的限饲、定期称重，并维持100～500克/天的增重速率是维持种公猪中等膘情，保持良好精液品质的必要手段。

（3）适宜的环境条件 环境因素中温度对精液品质影响最明显，温度对精子功能的影响超过对精子发育的影响。种公猪的适宜环境温度是15～20℃，上限为25℃，睾丸实质温度一般在28℃以下。当环境温度大于28℃时，睾温失控，睾丸产生不成熟精子（表现为精子尾部近端带有原生质小滴增多，头尾断裂的精子增多），贮存于附睾中的精子老化加快；导致公猪性欲减退，生精能力下降，射精量不足，同时影响精子的密度、活力、形态等指标。若环境温度大于或等于30℃，且公猪暴露在此环境下超过72小时，则会出现急性热应激，两周之后公猪精子产量开始减少，5～6周以后生精停止。即使温度再下降至30℃以下，恢复精液品质至少需要60天。当室温上升至33℃时，公猪呼吸、心跳明显加快，采食量进一步下降，精液品质显著下降，配种后返情率高达50%左右。慢性热应激是指公猪长时间暴露在26～29℃、相对湿度大于80%的环境下，生存10～14周后，种公猪开始出现正常精子数目减少和恢复时间延长的状态。

无论是慢性热应激还是急性热应激，均严重影响精子生成，使畸形精子数增多、精子活力下降。因精子从生成到发育成熟约需55天，热应激对公猪产生的负面影响往往会持续2～3个月及以上，这也是每年6～8月母猪产仔数急剧下降和返情率明显增加的主要原因之一。对培育后期经过夏天的后备公猪，其性成熟一般会延迟，同时精子畸形率升高。因此，高温环境或公猪发热是精液品质下降的主要原因。加强通风降温有助于降低急性热应激，但对于地处温带和亚热带的公猪，由于温度和湿度的双重影响，即使有通风设施，也会导致公猪处于慢性热应激环境中。

描述光周期对公猪精液品质的影响比较困难，若种公猪长时间暴露于光照环境会降低精子数目和精液品质；在自然光照减少的时候增加人工光照，有利于公猪精子生成；也有人认为光照对公猪精子生成并没有影响。总的来说，如果公猪的光照时间过长，保持一定的黑暗时间对提高精子产量有益。

圈舍面积对公猪精子生成的影响到现在为止一直被人们忽视。饲养在大圈（1.8 米 ×2.5 米）的公猪比饲养在定位栏（0.9 米 ×2.1 米）里的公猪精子产量提高约 8%，且饲养在大圈里的公猪性反射时间比饲养在定位栏中更短，射精时间更长，精液量更多，总精子数也多；但对精子活力和正常形态精子数目没有影响。

（4）合理的采精制度 合理的采精制度对精液品质产生直接影响，有利于维持和延长公猪利用年限，是影响种公猪繁殖性能的潜在因素。基于附睾中精子成熟的时间规律，通常认为采精频率是每隔 4～7 天采集一次，北美洲的大多数研究表明采精频率最好维持在 5 天一次。较少的采精频率可增加每次射精的精子数，但正常精子总数会下降。因为久不配种，附睾管中精子老化、死亡分解并被吸收，暂时性畸形精子增多。频繁采精时，由于贮存于附睾和输精管中的精子受睾丸生精能力的限制，不成熟精子增多，精子活力、密度降低，畸形率升高，有时还会出现无精子精液；同时，公猪性机能下降，射精量降低。

当公猪必须提高采精频率时，务必保持一个稳定的规律采精模式，对维持精子数目和质量非常重要。当精液生产能力不能满足配种需要时，绝不能靠提高采精频率来提高精液产量。公猪的配种强度和采精频率应保持与射精量和生精能力相匹配。

（5）杜绝过早采精 正常情况下，后备公猪配种年龄在 8～9 月龄，每周采精不超过 2 次。第一次射出精液后，生精机能和精子成熟机制仍需要相当长的时间才能完善。精液量多在 100 毫升以上，精子密度在 1 亿个/毫升以上，精子畸形率较高。因为初次射出的精子是来自十几天甚至更长时间内产生的精子。若过早参加配种，精液品质不合格率极高，会显著影响受胎率和产仔数。是否能参加配种，应根据后备公猪发育状况经全面检测后方能确定。

（6）预防生殖系统疾病 睾丸炎、附睾炎、副性腺炎、尿生殖道炎等炎性分泌物可致精子死亡，活力降低；同时，睾丸发炎肿胀、发热之后功能退化、萎缩，直接影响睾丸生精能力，使性欲丧失、射精量下降。因此，要认真做好引起睾丸炎和发热性疾病如乙脑、布氏杆菌等传染病的免疫注射，慎用影响公猪生殖机能、射精量、精子活力的药物，如雌激素、氟喹诺酮、某些驱虫药等。对患有睾丸炎的公猪一般不予治疗，可直接淘汰。

综上所述，提高精液品质必须以“维持体重、提高性欲及精液质量和数量”为主要管理目标，务必保持营养、运动、配种利用三者密切协调。

第三节　减少妊娠早期胚胎损失的主要措施

一、妊娠早期胚胎损失的关键期

1. 妊娠早期胚胎损失情况

现代基因型母猪排卵数一般为22~25枚/次，多的高达25~30枚/次，卵子受精率在90%以上，受精卵有20~22枚。若所有的受精卵在子宫内都得到发育，则产仔数应在18头以上，而实际平均产仔数为10头左右，这充分说明妊娠期胚胎损失率高达40%~50%。据大数据分析可知，发情母猪排出的卵子至受精时的死亡率约为4.7%；卵子受精至妊娠25天时胚胎死亡率约为22.9%。此外，妊娠期胎儿死亡率约为14.7%，分娩时胎儿死亡率约为2.35%，即生前胚胎及胎儿死亡率约为44.7%。这说明妊娠早期胚胎的高损失率是影响母猪产仔数的关键因素，降低妊娠早期胚胎损失是提高母猪产能的主要措施之一。

2. 早期胚胎损失的关键时间

卵子受精成功后，卵裂随即在输卵管中展开，当受精卵发育到16~32个细胞（称为桑葚胚）时，单个细胞或卵裂球很快分泌液体进入细胞间隙，从而形成中间充满液体的腔（称为囊胚腔），这时的胚胎称为囊胚。此后滋养层细胞明显增殖，细胞层重新排列，使胚胎变长。猪的胚胎伸长在有蹄类中最明显，可达300毫米或更长。妊娠早期胚胎损失的第一个关键阶段是早期胚泡开始延伸的时候，包括胚胎延长前的发育期和滋养层延长期。特别是配种后48~72小时是受精卵分裂的关键时期，胚胎损失占比最高。

早期胚胎损失的第二个关键阶段发生在囊胚的附植期，一般认为是受精后的第12~25天。胚胎滋养层与子宫内膜发生组织联系的过程称为附植，该过程是一个循序渐进的过程。卵子受精后经2.0～2.5天从输卵管移到子宫角，在那里漂浮着自由活动至配种后第12天。在妊娠后第13～14天开始附着，受子宫收缩的影响，受精卵自动分开，呈“之”字形重新混合、重新分布，并排列在两个子宫角内，以保证胚胎在开始着床之前有一个均等的空间，但着床很松散。完成附植需要10天左右，至25天后所有胚胎都附植完毕。附植是胚胎间竞争有利位置的过程，附植初期活力强的胚胎在血管丰富、营养供给充足、最有利的地方着床，将来胚胎发育良好，初生体重大。活力差的胚胎相对着床在营养供给差的地方，将来发育不良，初生体重小。由于此期胎盘尚未形成，最容易受子宫内微环境变化和外环境中各种因素的影响，导致附植失败。

3. 早期胚胎损失的原因

（1）高采食量或饲喂高能日粮 卵子受精11～12天时，胚泡滋养层利用母体中前驱物合成雌激素，可阻止子宫内膜分泌前列腺素，使黄体继续分泌黄体酮（孕酮），妊娠得以维持。黄体酮水平上升可使输卵管膨胀，维持子宫内环境稳定，有利于受精卵迁移与附植。控制胚胎发育和成活率的主要机理是子宫特殊蛋白质的分泌，这些特殊蛋白质被卵巢类固醇激素尤其黄体酮激发。妊娠早期黄体酮升高可促进子宫蛋白质（子宫乳）分泌，改善子宫环境，为胚胎提供更适宜的营养，因此，血液中黄体酮浓度的降低是导致胚胎死亡的主要原因。妊娠后母猪饲喂高能日粮或高采食量都可引起母猪黄体酮分泌减少（见表1-4），降低胚胎成纤维细胞生长因子受体2、视黄醇结合蛋白4及子宫内膜视黄醇结合蛋白4、叶酸结合蛋白、转铁蛋白的基因表达，从而降低活胚数。

表1-4 妊娠早期饲喂水平对血清黄体酮水平及胚胎成活率的影响

饲喂水平/(千克/天)	血清中黄体酮水平/(毫微克/毫升)	胚胎成活率（%）
1.50	16.7	82.8
2.25	13.8	78.6
3.00	11.8	71.9

（2）管理因素 妊娠后母猪的合群、驱赶、免疫、拥挤、高温和投药等各种应激，会促进肾上腺皮质激素分泌增加，从而抑制黄体酮分泌，血清中黄体酮减少，导致胚胎死亡。其次，过早或过晚配种，使未成熟、

质量较差或衰老的卵子受精，其生存能力降低，增加胚胎死亡数。高度近亲繁殖，造成胚胎活力下降，卵子不健全，胚胎发育不良，胚胎死亡增多。此外，配种后感染生殖道疾病、发热、饲喂霉变饲料等，均可造成胚胎死亡或流产。

（3）妊娠生理　由于早期胎盘发育较快，胚胎互相排挤，易造成宫内拥挤致胚胎死亡。又因母体供给各个胚胎的营养物质不均匀且存在先后顺序，结果较弱的胚胎因缺氧、营养供应不足，会停止生长发育或死亡。其次，胚胎顺利着床还需要胚胎发育与子宫内环境互相适应和相互同步。即受精卵从输卵管进入子宫的时间、子宫内膜增生与胚胎的发育等都必须同步，某一过程过早或过迟均影响附植，导致胚胎死亡。同时，妊娠第 3 周时，正值胎儿器官形成阶段，此时胚胎会竞争有利于其发育的营养物质，表现为弱肉强食、强存弱亡的现象。

二、妊娠早期胚胎损失的预防措施

1. 限制妊娠早期母猪的采食量

交配后 72 小时内饲喂水平对胚胎损失的影响较大，同时提高交配后母猪的采食量也常伴随着胚胎死亡率的上升。配种后，当采食量从 1.5 ~ 1.8 千克/天提高到 2.5 千克/天，或配种后 2 ~ 3 天内的青年母猪饲喂量超过 2.5 千克/天时，胚胎死亡率显著提高。这种相关关系是从配种后开始显现的，其原因是妊娠后母猪代谢旺盛，分解代谢加强，增加采食量或饲喂高水平能量日粮可使肝脏加快黄体酮的清除代谢，血浆中黄体酮水平降低，子宫特殊蛋白质分泌减少，最终导致胚胎无法着床而死亡。配种后 72 小时内无论是增加饲喂量或是提高饲粮的能量水平，不但不能增加产仔数，还会导致早期胚胎死亡率增加。由于胚胎存活能力的遗传力低且选育周期长，因而通过遗传选育降低胚胎损失的效果不显著，而激素调控的效应仍需要进一步的求证。因此，配种后通过营养调控可增加血液中黄体酮水平，提高妊娠早期胚胎存活率，减少妊娠早期胚胎损失。

2. 降低配种后各种应激

应激产生肾上腺素，能阻止受精卵着床，减少产仔数。同时，应激还容易引起妊娠早期母猪代谢紊乱、内分泌失调，肾上腺皮质激素分泌增加，子宫内环境受到不同程度的改变，从而增加胚胎死亡率。妊娠早期，特别是胚胎着床期的转移、并圈、混群、驱赶、惊吓等应激是导致胚胎死亡的主要应激因素。因此，配种后30天内严禁移动、转群、并圈。原则上妊娠30天前限位饲养，30天后群养。配种后确需转移合群时，最好在最后一次输精4～40小时进行，或者在最后一次输精30天后进行。此外，要保持圈舍安静，避免噪声、陌生人靠近、宠物或小动物骚扰，严禁饲喂发霉、腐败、变质、冰冻、带有毒性和强烈刺激性气味的饲料，以及避免突然更换日粮、不定时饲喂，或过度限饲使母猪处于饥饿状态爬栏等应激反应。在影响胚胎损失的应激因素中，环境高温是造成妊娠早期胚胎死亡的主要环境因素，因为高温会使子宫温度升高，并减少流向子宫的血液量，不利于胚胎卵裂、移行和着床。

3. 增加光照时间

在配种前和妊娠期延长光照时间，能促进母猪雌二醇及黄体酮分泌，增强卵巢和子宫机能，促进受精卵着床和胚细胞分化及胚胎发育，提高受胎率，减少胚胎死亡率。配种前增加光照时间还可提高母猪排卵数，增加产仔数。给断奶至配种期间的母猪不同光照强度，可提高母猪受胎率，增加产仔数，增加仔猪初生重。

4. 严禁饲喂药物

妊娠后乱用或滥用药物可导致胚胎损失。如利尿药物会引起子宫脱水，胚胎脱离；降压药对胎盘穿透力极强，易引起流产；解热镇痛药易造成胃肠道反应，损害肝肾，造成流产；激素类药物如己烯雌酚、地塞米松极易导致流产；拟胆碱药如毛果芸香碱、敌百虫等易导致子宫平滑肌兴奋性增强等。

5. 预防繁殖障碍性疾病

繁殖障碍性疾病病原，如猪瘟病毒、伪狂犬病毒、乙脑病毒、细小病毒病病毒、蓝耳病病毒等可穿过胎盘感染胚胎，造成胚胎死亡、木乃伊胎，增加胚胎和胎儿死亡率。在做好生物安全的同时，要加强免疫注射。

第四节　降低母猪“带薪休假”的途径

一、非生产天数

非生产天数（NPD）是指经产母猪和超过适配年龄（一般为230日

龄）的后备母猪，一年之内没有妊娠、没有哺乳的天数。NPD 既是衡量母猪产能和繁殖效率的重要指标，更是养猪的效益指标。母猪断奶后发情准备时间 3~6 天是必需的，又称为必需非生产天数，通常为 5 天。必需非生产天数与其他（如乏情、流产、空怀、妊娠母猪死亡和淘汰等）无效生产天数统称为 NPD。大数据分析表明，管理优秀的猪场 NPD 为 30~35 天，良好的猪场为 40~45 天，平均水平为 70 天左右。目前，我国猪群 NPD 平均为 55~80 天，大多数猪场超过 70 天；加拿大、美国平均为 33 天；2010 年丹麦猪场平均为 14.9 天。统计发现，断奶仔猪成本最低达 10% 的猪场 NPD 平均为 36 天，成本最高达 20% 的猪场 NPD 平均为 76 天。NPD 用公式表示为

NPD = 365 天 - [母猪年产窝数 ×（泌乳天数 + 妊娠天数）]

每头母猪每年所产窝数，又称胎指数或周转率，母猪妊娠天数平均为 114 天。例如：母猪的胎指数为 2.6，哺乳期 21 天时 NPD 为 14 天，那么实际 NPD 为 27 天，即 14 天 + 2.6 × 5 天 = 27 天。

NPD 的主要来源：①后备母猪初配时间超过 230 天的天数。②断奶至配种间隔超过 7 天的天数。③妊娠失败的天数：包括配种至返情损失的天数，配种至流产损失的天数，配种至空怀损失的天数，配种至产仔失败（包含配种至产全窝死胎的妊娠天数和配种到分娩后新生仔猪全窝死亡的天数）的天数，及再配种的天数。④母猪死淘的天数：又称为异常非生产天数，包括配种至淘汰损失的天数，配种至死亡损失的天数，断奶至淘汰的天数和断奶至死亡的天数。

【提示】

NPD 的管理目标通常是后备母猪初情期入群至配种为 20~24 天，断奶至配种小于 7 天，配种至复配小于 30 天，入群至淘汰小于 60 天，断奶至淘汰小于 20 天，配种至淘汰小于 50 天，平均 NPD 小于 45 天。

二、NPD 的危害

1. 大幅度降低经济效益

据计算，1 个 NPD 相当于 0.05~0.08 头仔猪/(母猪·年）或 0.007 胎次/(母猪·年)，因此，NPD 减少 10 天，可增加 0.5 头仔猪/(母猪·

年）或提高 0.07 胎次/(母猪·年)。

例如：1000 头规模的母猪场，周转率为 2.3 胎，哺乳期 28 天，则 NPD 为 39 天。该场全年累计投入 NPD 为：39 天×1000＝39000 天。

若窝均产仔 10 头，则每头母猪年产仔数为：2.3×10 头＝23 头。

即每头母猪平均下一头仔猪用时为：(365 天－39 天)/23＝14.2 天。如果母猪错过一个发情期（21 天），意味着减少产仔数 1.48 头（21 天÷14.2 天/头）。

假如 1 头仔猪 28 天断奶时价值 400 元，则一个发情期的经济损失为：1.48 头×400 元/头＝592 元，换算成 1 个 NPD 为 28.2 元（592 元/21）。

因此，该猪场的经济损失如下：

1）每年因 NPD 造成的经济损失为：39×28.2 元/头×1000 头＝110 万元。

2）减产仔猪数为：39×1000 头×1.48/21＝2748.6 头，相当于多养 119.5 头母猪；假如仔猪落地成本为 200 元/头，则减少产仔数的经济损失为 2748.6 头×200 元/头＝55 万。

3）全场每年多损耗饲料＝39 天×1000 头×3 千克/(天·头)×3.6 元/千克［母猪全年日平均采食量约为 3 千克/(天·头)，假设饲料成本为 3.6 元/千克］＝42 万元。

4）育肥猪利润损失＝2748.6 头×95%×98%×200 元/头（假设每头育肥猪的利润为 200 元、仔猪的育成率为 95%、育肥猪成活率为 98%）＝51.2 万元。

该场全年经济损失合计为 258.2 万元（110 万元＋55 万元＋42 万元＋51.2 万元＝258.2 万元）。

2. 降低母猪产能

NPD 影响母猪产能最直接的指标是产仔数，关乎猪场的盈利能力。NPD 越少，母猪年产窝数就越多，产能就越大。如果哺乳期为 21 天，则 NPD 为 30～35 天的猪场年产 2.48～2.44 窝/头，NPD 为 40～45 天的猪场年产 2.41～2.37 窝/头，NPD 为 70 天的猪场年产 2.19 窝/头。因此，压缩非生产天数是提高母猪产能的主要措施之一。母猪的年实际周转率为 365 天÷［114 天＋28 天（或 21 天）＋5 天＋X 天］。在 $X=0$ 的理想状态时，每头母猪年实际周转率为2.48或2.61。当$X=10$时，每头母猪年实际周转率为2.32或2.43，NPD为43天或36天；当$X=25$时，每头母猪年实际周转率是2.12或2.21，NPD是58天或51天。$X=10$和$X=25$，NPD相差15天，每头母猪每年少产0.13窝，一个千头规模的母猪场，每年减产131窝，年减产仔猪数1310头。假设每头母猪平均采食量为3千克/天，饲料价格为3.6元/千克，饲料成本占总成本的70%，则每头母猪的饲养成本增加231元（3.6元/千克×3千克/天×15天÷70%）。

3. 增加养猪成本

理论上讲每头母猪年产窝数应该是2.60窝或2.52窝，但实际年产2窝以下，每头母猪每年至少少产仔猪5.2头，相当于多养0.26头母猪。非生产期内母猪只耗料不产仔，饲料、管理、生产制造费用增加，特别是减少上市肉猪的数量，直接结果是饲养成本上升。因此，降低NPD，能增加年产窝数，减少母猪饲养量，是降低养猪成本极为重要的途径。母猪周转率每提高0.6，仔猪生产成本降低25%；多产仔猪5700头；NPD降低51天，节约资金163.20万元［51天×32元/(天·头)×1000头=163.20万元］。

三、降低NPD的主要途径

1. 提高发情率，缩短发情间隔

（1）后备母猪适时配种 后备母猪从引种到转入待配舍的过程中，由选种、留种不当造成的NPD增加约占4%，转入待配舍后不发情造成NPD增加约占15%，是影响NPD的重要因素。后备母猪培育期合理的营养和饲喂管理可促进初情期提前，如美系猪体型偏大，侧重生长性能，要求能量与蛋白质营养较高；丹系猪四肢纤细，侧重繁殖性能。缺乏公猪合理诱情、运动、过于拥挤及频繁打斗也是导致后备母猪初情期延迟或乏情的主要因素。生产者可以在160~170日龄时采取公猪诱情或重新分配、控制母猪引入时间等措施来降低发情间隔，从而干预后备母猪初情期的启动，确保后备母猪在230~250日龄配种率达到85%以上。对210日龄仍没有进入初情期的后备母猪进行淘汰，对超期母猪及时采取补救措施。

（2）减少哺乳母猪背膘损失，缩短发情间隔 理想的断奶间隔是3~5天。经产母猪25%~50%的NPD是由于断奶至配种间隔延迟所致。

目前，我国猪场经产母猪断奶后 7 天内平均最好发情率为 80% ~ 85%。但仍有 15% ~ 20% 的经产母猪从断奶到发情超过 7 天，其中 10% ~ 12% 的母猪在断奶后 10 ~ 20 天发情，5% ~ 6% 的母猪在 20 ~ 30 天发情，还有 2% 的母猪在 30 ~ 50 天不发情而被淘汰。平均断奶至再发情天数为 10 天，对于 500 头基础母猪群的猪场来说仍有 1 万天的 NPD。现代基因型母猪体储更少，泌乳力更高、采食量更低，使得母猪在哺乳期内身体保留更少，断奶时掉膘更严重，断奶发情间隔更长或乏情。一胎母猪经过第一次哺乳期后更难发情，断奶至配种间隔更长，淘汰率偏高。

断奶时母猪体况与断奶间隔呈密切的正相关（见表 1-5），与哺乳时间、带仔数、哺乳期失重、营养、温度呈负相关。因此，提高泌乳期间日粮营养水平和合理的饲喂策略，最大限度地减少哺乳期体重损失和背膘下降是缩短断奶间隔的关键措施。

表 1-5　哺乳期母猪失重对断奶至配种间隔的影响

泌乳期体重损失/千克	断奶后的发情率（%）		
	7 天	14 天	21 天
23	58	69	69
19	82	90	92
12	88	92	93
5	88	94	98

2. 加强断奶母猪的饲养管理

断奶母猪饲养管理的主要目标是使母猪尽快发情，缩短断奶-发情间隔，确保 7 天发情比例在 92% 以上；提高排卵质量和数量；减轻哺乳期母猪营养流失的负面效应。主要措施如下。

（1）加强运动、合理分栏　断奶当天给母猪沐浴后，驱赶母猪到运动场运动 30 分钟以上，直到有发情迹象。然后，根据体重、膘情、胎次合理分群并转入空怀待配舍，以 4 ~ 6 头/群为宜，这对提高母猪 7 天内发情配种有一定的促进作用。断奶后当天在饮水中加入电解多维，以减少断奶应激，并补充与发情有关的维生素、微量元素，提高发情率，促进卵泡发育和排卵。

（2）延长光照时间　断奶后的发情与光照密切相关，屠宰试验检测母猪卵巢和子宫发育时发现 80 勒克斯/天光照 8 小时与 50 勒克斯/天光照14小时相比，前者有利于青年母猪性成熟。饲养在黑暗和光线不足条件下的母猪，卵巢重量降低，受胎率明显下降。如果母猪断奶后光照强度从10勒克斯提高至100勒克斯，受精率提高6%~9%，窝产仔数提高0.5~0.9头，仔猪初生重提高至1.2~1.8千克。缩短光照使母猪受精率降低5%~8%，窝产仔数减少0.4~0.8头，空怀率提高8%。因此，建议每日供给断奶母猪150~300勒克斯光照16小时可以提高受精率和增加窝产仔数。

（3）催情补饲 断奶后第一天开始催情补饲至配种，尽快恢复体况。断奶日粮的主要特征是作为主要能量来源的淀粉和糖的含量要高（葡萄糖、糖蜜）。日粮中丰富的碳水化合物可增加血胰岛素浓度。胰岛素与高浓度黄体酮有关，这种高浓度黄体酮与排卵前期黄体生成素脉冲频率高度相关，是卵泡形成和缩短断奶间隔长度的基础。其次，日粮中含有较高的核黄素、叶酸和B族维生素，对胚胎形成的第一阶段具有重要作用。建议饲喂后备母猪料或专用断奶母猪料（代谢能大于或等于13.38兆焦/千克、饲料蛋白质摄入量大于或等于18%、赖氨酸含量0.9%~1.0%、钙含量0.8%~0.9%、磷含量0.7%~0.8%），1胎次母猪每天饲喂后备母猪饲料2千克，2胎次母猪每天饲喂后备母猪料2.5~3千克，3胎次以上母猪每天饲喂哺乳母猪饲料或专用断奶料3.5千克以上。同时，每头母猪每天补给200克的葡萄糖和2枚鸡蛋，直到发情配种。

（4）调整膘情 对断奶后体重损失超过10千克以上、背膘小于14毫米的母猪，建议间隔一个情期，等到体况恢复到正常水平后再配种，这样可以延长母猪的使用年限，下一胎次有望增加产仔数1.5~2.0头。

（5）公猪诱情 对断奶后背膘16~18毫米的母猪，第1天开始用公猪刺激诱情。观察断奶母猪在性成熟公猪面前静立反射情况，按照不同情况的配种方案适时配种。身体接触2次/天，10~15分钟/次，每次使用不同公猪，直到母猪发情。

3. 加强妊娠母猪管理，缩减初配至复配间隔

配种至分娩前的返情、空怀、流产等原因可增加NPD 5%~8%。早期妊娠诊断可减少流产率、死淘率、空怀率，是缩减初配至复配间隔时间非常重要的技术手段。加强配种后的饲养管理，预防疾病特别是繁殖

障碍性疾病，采取一切必要措施尽可能控制流产率小于2%、死淘率小于1%。妊娠检查实操方法如下：

（1）外部观察法 如果配种后18～21天母猪不再发情，且表现食欲旺盛、性情温顺、行动稳重、疲倦贪睡、被毛逐渐光泽、有增膘和阴户收缩等现象，原则上可以判断为怀孕。已配种而未受孕的母猪在配种后21天左右会再次发情，即返情，这类母猪表现食后不睡、精神不安、阴户微肿有黏液，喜欢接触公猪，如果和其他母猪混圈会相互爬跨。

（2）公猪试情法 目前，公猪试情法是准确率最高的发情检查方法，准确率大于95%，也是诊断返情的最佳方法（详见本章第二节相关内容）。配种后18～21天观察母猪与查情公猪接触时的表现有助于甄别母猪是否有返情的状况，可作为母猪是否需要重配或淘汰的重要参考依据。

（3）超声波诊断 利用超声波的物理特性，将其和动物组织结构的声学特点密切结合的一种物理学诊断方法，是目前规模化猪场判断母猪是否妊娠的常用方法。其原理是利用孕体对超声波的反射来探知胚胎的存在、胎动、胎儿心音、胎儿脉搏，来诊断是否妊娠。有的超声仪还能测绘出母猪子宫受孕和胚胎发育的即时成像；有的则能检测出母猪腹中与日俱增的子宫动脉血流声波和胎儿心搏声波。

常用超声波诊断仪有A型、B型和D型。A型：体积小，操作简便，几秒钟便可得出结果，其准确率为75%～80%，随着妊娠期的延长，准确率逐步提高。B型：主要是通过探查胎体、胎水、胎心搏动和胎盘等来判断妊娠阶段、胎儿数、胎儿性别、胎儿状态，具有时间早、速度快、准确率高等特点，但价格昂贵、体积大，只适用于大型猪场定期检查。D型（多普勒超声波诊断仪）：主要通过测定胎儿和母体的血流量、胎动等特征来诊断是否妊娠。训练有素、经验丰富的技术员从输精后第24天开始用妊娠诊断仪可快速准确地判定母猪是否妊娠，以便在42天返情时对妊检阴性和问题母猪采取相应的措施。所有的早期妊娠检查都必须在配种后30天重新确认。妊娠检查密度是决定母猪初配至复配间隔的首要因素，一般周一查一次，周末查一次，刚好两头都覆盖。

【提示】

A型或者D型超声检测仪在怀孕4周后才能提供96%的准确度，而一般超声诊断在妊娠30～50天检查时才能做到准确有效。因此，最好在配种后18～21天用公猪查情，在妊娠36～42天时再用公猪检查一次。第一次超声妊娠检查应在配种后25天以上第二个发情期前进行，同时在第三个情期前，第一次配种后56～63天进行第二次超声妊娠检查，便于发现早期流产或者第一次超声诊断误诊的猪。直到妊娠60天左右人工目测能明显看出妊娠为止，若怀疑有问题，即刻进行超声检查。

【小经验】

超声检查的部位在倒数第一、第二乳头的无毛区。如果一侧没有，再检测另一侧，对空怀可疑猪间隔一周后再查，空怀检出率约为6%。

4. 早期断奶

缩短哺乳期，提早断奶，可减少非生产天数，提高母猪周转率，从而增加母猪产能。如哺乳期从28天缩短至21天，能减少7天非生产天数。对于一个1000头的母猪场来说，可节约非生产天数7000天。但哺乳期低于18天时，断奶越早，再发情间隔越短，而下一胎次产仔数则呈直线下降。当哺乳期大于18天断奶时，再发情时间间隔稳定在4～8天，产仔数稳定在10.5头以上，并且在21天断奶时出现一个产仔数高峰。目前，最经济的断奶日龄为21～28天。

5. 制定科学的淘汰标准

完善母猪淘汰制度，设定淘汰标准并严格执行是缩短断奶至淘汰间隔时间的必要手段。对繁殖性能下降的高胎龄母猪和繁殖障碍、体况差、肢体不良、患病等原因没有饲养价值的母猪要及时淘汰，在断奶当天淘汰最经济。若观察一两个发情期，则会浪费人力、物力、财力，最终还是要被淘汰。商业猪场母猪淘汰率一般为25%～30%，如果被迫淘汰率太高，将会失去对NPD的控制。后备母猪的淘汰大部分是因为繁殖障碍，另有10%的分娩后不孕，20%的分娩后不能恢复；经产母猪超过

40% 的淘汰率是因为返情，35% 是因为不发情。当种群年淘汰率超过 50% 时，防止过早淘汰则成为促进猪群繁殖效率的一个有效措施。非正常淘汰原则如下：

1）后备母猪超过 8 月龄以上仍不发情。

2）第 1 ~2 胎活产仔数窝均在 7 头以下，经产母猪累计三胎次活产仔数窝均在 8 头以下。

3）连续二次、累计三次妊娠期习惯性流产。

4）配种后连续两次以上返情；发情配种超过 3 次，仍然不能怀孕（屡配不孕）。

5）经产母猪连续二次、累计三次哺乳仔猪成活率低于 60%，以及泌乳力差、母性差、经常难产。

6）断奶后两个发情期（42 天）以上或 2 个月不发情。

7）感染普通疾病，连续治疗两个疗程不能康复。

8）患繁殖障碍性疾病和病毒性传染病。

【提示】

繁殖障碍性疾病和病毒性传染病非常难治，很容易复发。痊愈后其生产性能很大程度上会下降，并成为带毒猪，不断向环境排毒，再次繁殖会把疾病垂直传播给胎猪，所以必须淘汰。

9）免疫后没有抗体，再次免疫后仍然没有抗体的母猪。

10）患有肢体病、高胎龄、有不良遗传基因，以及过肥或者过瘦严重影响繁殖性能，失去使用价值，通过限饲或优饲仍无法改善的。

第五节　关注“失爱”母猪的乏情

一、母猪乏情的基本情况

母猪乏情一直困扰着养猪界，且有愈来愈烈的趋势，整体损失甚至会拖垮一个猪场。调查发现，有 5% ~15% 的青年母猪达到性成熟和体成熟年龄仍未发情；有 10% ~20% 以上的经产母猪断奶后乏情，甚至更高。及时准确地判断母猪乏情，并采取正确的措施是减少损失和提高繁殖效率的关键。

正常情况下，现代基因型后备母猪 6～7 月龄，体重达 90～100 千克时，已建立正常的发情周期。常将 170 日龄，体重在 90～105 千克时，视为第一个初情关键期；195 日龄，体重达 115～120 千克时，视为第二个初情关键期；230 日龄，体重达到 125～135 千克时，视为第三个初情关键期；超过 230 日龄仍没有发情表现者，视为乏情或称为超期母猪。经产母猪断奶后黄体迅速退化，由仔猪吮吸乳头对性激素的抑制作用被解除。下丘脑促性腺激素释放激素诱导垂体前叶释放卵泡刺激素和黄体生成素，在卵泡刺激素和黄体生成素的共同作用下，卵泡中的卵子开始发育。至断奶后 3～5 天可见母猪外阴部发红肿大，一般不超过 7 天即可发情配种。夏季受高温、高湿影响，断奶再发情的时间会推迟，但不会超过断奶后 10 天。经产母猪断奶后超过 10 天仍未发情的可采取措施，15 天后仍不发情的应视为乏情。另外，非怀孕期和哺乳期仍没发情周期的经产母猪也视为乏情。在群体饲养情况下，青年母猪达到性成熟和体成熟年龄时群体乏情比例不得高于 5%；断奶后的经产母猪群第一情期发情比例不能低于 80%，第二情期发情比例不能高于 20%，第三情期发情比例不能超过 10%。超出上述比例应视为群体乏情，乏情比例小于 3% 属于正常。

二、母猪乏情的主要原因

1. 后备母猪乏情的原因

（1）安静发情 青年母猪已经达到性成熟年龄，卵巢活动和卵泡发育也正常，但迟迟不表现发情症状或在公猪存在时不表现静立反射，这种现象叫安静发情或微弱发情。

（2）卵巢发育不良 后备母猪培育期营养缺乏，特别是与生殖结构和功能密切相关的维生素、微量元素、特殊氨基酸缺乏，会导致卵巢发育不全、幼稚型卵巢和卵巢萎缩。患有慢性消耗性疾病同样也可以使卵巢发育不全。由于卵巢发育不全，处于相对静止状态，垂体不能分泌足够的促性腺激素以促进卵泡发育成熟和排卵而乏情。发育成熟的后备母猪卵巢重约 5 克，而乏情猪卵巢重不足 3 克，且没有弹性，表面光滑没有凹凸形状，即使有卵泡发育也形如米粒，找不到以往曾经发过情、排过卵的痕迹。

（3）营养管理不合理 饲喂低营养水平日粮、过度限饲和饲喂程序不合理，导致缺乏与繁殖有关的营养物质，使性腺发育受到抑制，动情激素分泌受阻，性成熟时间延迟或乏情。限制青年母猪自由采食量的50%~85%时，初情期将延迟10~14天。摄入高能量日粮或过多饲喂，使母猪肥胖，导致卵巢、输卵管内和周围组织脂肪沉积过多，不利于卵泡、卵子发育与卵子输送。

（4）缺乏诱情 初情期早晚除与遗传因素有关外，与公猪接触刺激的时间密切相关。缺乏足够的公猪刺激，初情期明显推迟或不发情。当后备母猪达160日龄后用性成熟的公猪进行直接诱情刺激，可使初情期提前约30天。

（5）管理因素 单圈饲养或过分拥挤引发的频繁打斗对发情产生不利影响。当舍内氨气浓度大于24毫克/米^{3}时，会导致200日龄内母猪发情数量下降；光照强度低于50勒克斯/天或光照时间低于10小时都可导致初情期延迟或乏情。

2. 经产母猪乏情的主要原因

（1）断奶体况差 哺乳母猪摄入的营养物质中约75%用于泌乳。当摄入不足时，母猪动用体内贮存营养用于泌乳，掉膘失重在所难免。哺乳期失重超过10千克、背膘厚损失大于3毫米，断奶后发情多有延迟或乏情，失重每增加10千克，发情间隔至少增加3天。掉膘失重流失的营养直接影响性激素活动，导致断奶后黄体生成素分泌减少，从而抑制卵泡的正常生长和雌激素对大脑的反馈，排卵数减少或不排卵，母猪发情推迟或乏情。黄体生成素分泌的改变可能发生在泌乳的第14天而非断奶后，提高血液中胰岛素和黄体生成素浓度最有效的方法是提高采食量。因体况恢复需要花费更长的时间和足够的营养，故断奶发情延迟或乏情就无法避免。对于断奶时偏肥的母猪，卵泡发育同样受阻，也表现发情延迟或乏情。

（2）哺乳时间短 哺乳期长短影响断奶发情，少于16天的哺乳时间会提高乏情率，大于30天的哺乳时间将影响以下胎次的繁殖性能。因生殖系统经历妊娠和分娩超负荷压力，必须在哺乳期间恢复到正常状态，才能开始下一个繁殖周期。性激素功能的恢复最少需要12天，生殖功能的恢复，后备母猪最少需要28天，经产母猪需要24天。

（3）后备母猪过早配种 性成熟而体未成熟的后备母猪，卵巢尚未发育完全。如果过早配种会严重影响生殖器官发育，抑制生殖器官功能，

导致断奶乏情。

（4）年龄和胎次 由于一胎母猪身体仍处于发育阶段，哺乳期营养消耗远高于其他胎次母猪，失重掉膘会更多。因此，一胎母猪断奶后一周内发情比例仅为60%~70%。若一胎母猪妊娠期净增重达不到最低目标35千克，断奶后乏情或发情延迟比例明显高于其他胎次。随着胎龄的增加，7胎次以上的母猪乏情比例也逐渐上升。

3. 后备母猪、经产母猪乏情的共性原因

（1）高温 高温是影响母猪乏情的主要环境因素。30℃的高温环境，使母猪采食量下降约1千克/天，再加上高温状态生殖器官血液灌注大幅减少，卵巢活动受到抑制，几乎处于静止状态，不能够分泌促性腺激素以促使卵泡发育、成熟、排卵。同时，高温热应激还导致内分泌功能异常，动情素分泌不足，卵泡刺激素和黄体生成素分泌减少，小卵泡数量增多，个别母猪出现卵巢囊肿（卵泡肿大，直径达1厘米以上）而乏情。这也是每年6~9月断奶母猪乏情率比其他季节高的主要原因，青年母猪尤其明显。

（2）内分泌不足或紊乱 常见引起内分泌不足或紊乱的疾病是卵巢囊肿（见彩图6），分为卵泡囊肿和黄体囊肿，一侧或两侧卵巢均可发生。母猪主要形成黄体囊肿，典型特征是长期不发情、发情持续时间过长或发情不规律，且屡配不孕，青年母猪占比50%。屠宰时可见囊肿黄体由几层黄体细胞构成，囊泡直径可达5厘米以上，这样的囊泡多达几十个以上，重量在500克以上。直肠检查时，在子宫颈稍前方可发现有葡萄状的囊状物。

（3）疾病 由子宫内膜炎或全身性疾病和热应激引起卵巢机能减退及卵巢萎缩，主要特征是长期不发情，或发情周期延长，或出现发情但不能排卵，屡配不孕；由子宫内膜和卵泡的变性、卵巢病变，或因配种和助产操作不当、恶露不净、产褥热、环境不洁等导致子宫感染的假发情、不发情；长期患慢性消化系统疾病、呼吸系统疾病、寄生虫病，以及繁殖障碍性疾病等引起的乏情或发情延迟。

（4）饲源性和药源性因素 饲源性因素主要是指霉菌毒素中毒，如玉米赤霉烯酮中毒引起的卵巢机能障碍、发育不良和内分泌紊乱。药源性因素主要是滥用药物，如地米、血虫净、氟喹诺酮类等，都会使卵巢萎缩而影响发情。

三、母猪乏情的处理方法

1. 应激疗法

应激疗法是指通过转栏、并圈、混养、运输、饥饿等应激方式，消除乏情母猪的“安静源”，促进母猪发情的一类方法。例如，将未发情的母猪与已经发情的母猪合并到同一个圈内一起饲养，通过合群、并圈让发情母猪影响未发情母猪。对断奶母猪可通过 24 小时断料不断水的饥饿方法重新调整体内激素分泌，促使其发情。如果条件许可，将临近性成熟的青年母猪或断奶后乏情母猪装车运输，行驶 10～20 千米，过几天后这些母猪就会有发情表现。

2. 公猪诱情法

公猪诱情可刺激母猪性激素的分泌，释放卵泡刺激素和黄体生成素，促进母猪发育排卵。一般而言，后备母猪在与公猪接触的前 3 周观察到初次发情的比例约为 70%，在接触的前 6 周发情的比例约为 95%。对断奶母猪进行刺激发情有着同样效果。公猪对母猪激情作用来自公猪包皮和唾液的荷尔蒙效应。因此，理想的诱情公猪应是具备良好的“交谈”能力，唾液多，性欲旺盛，年龄在 12 月龄以上的结扎公猪。

诱情时将公猪暴露于母猪的视野之内，连续接触 21 天以上或至所有母猪初情期出现为止。公猪对母猪不同的刺激方式，公猪性欲强弱，以及公猪与母猪接触的强度、时间、频率、方式等与母猪的发情时间和比例密切相关（见表 1-6、图 1-3）。后备母猪与公猪接触太少会延迟发情，接触过频同样会减弱发情；身体接触远比隔栏接触要好。如果母猪与公猪接触时间过长，反而不利于促进母猪发情，应间断性远离母猪以增加其必要的敏感度，以每天 2 次身体接触，每次接触 15 分钟效果最佳。

常规的诱情方式是赶公猪见母猪。目前创新的诱情方式是通过设定专门的诱情区，赶母猪到试情栏区进行诱情，每头母猪与公猪接触 1～2 分钟，每次放出 12～15 头后备猪进入试情区，每天上午、下午两次诱情。使用该方法，后备母猪的初情期从原来 190 日龄开始出现高峰可提前至 170 日龄陆续开始出现高峰，比传统的方式提前了近 1 个情期，能够显著提高后备母猪初情期日龄和 210 日龄发情比例。该方法被称为有效诱情新方法。

表1-6　后备母猪对公猪不同刺激方式的回应比例

刺激条件	无公猪	气味、声音	气味、声音及视觉	气味、声音、视觉、触觉
站立待配比例（%）	48	90	97	100

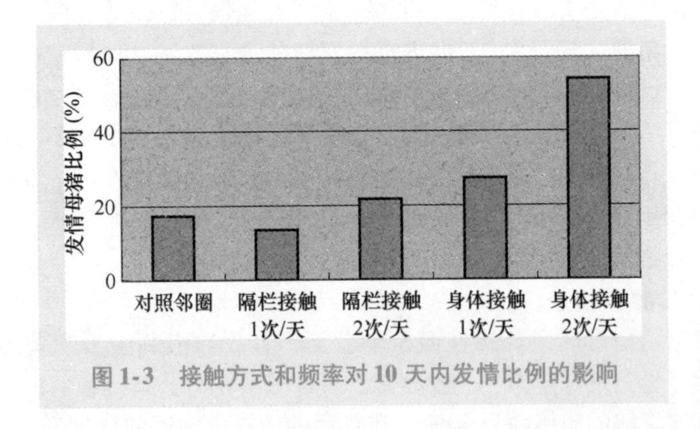

图1-3　接触方式和频率对10天内发情比例的影响

【提示】

夏季高温母猪不易发情或同栏后备母猪数较多时，可适当延长接触时间。为避免母猪审美疲劳，可以定期轮换不同的诱情公猪，发情比例比采用同一公猪多次刺激高。

【小窍门】

使用下列方法可收到良好的发情效果：将性成熟前的青年母猪或断奶母猪与诱情公猪放在一起，或将它们移至行为活跃的成年公猪栏旁，或经常驱赶性欲好的公猪到不发情母猪圈与其接触，或将发情但不接受公猪爬跨的母猪赶到公猪圈合群15分钟后离开，间断性公母合群，或将成年公猪的尿液或精液喷洒于母猪的嘴、鼻部，或将洒有公猪尿液、分泌物的麻袋放入母猪圈内。此外，对成年后备母猪进行强行输精，5天左右可发情。

3. 外源激素法

母猪发情主要依赖卵巢分泌的生殖激素，乏情说明卵巢处于相对静止状态，补充外源激素可促进乏情母猪发情。例如，初情期后不再发情的青年母猪，大多数是母猪卵巢上长期有大量黄体或黄体囊肿。可能的原因是第一次发情后卵泡已经发育，但由于内分泌不完整而不能排卵；或者是第一次发情排卵后本应该在下一次发情前消退的黄体未消退。可一次性肌内注射孕马血清促性腺激素（PMSG）700～1000 国际单位和氯前列烯醇（PGc）200～300 微克，隔日子宫灌注氯前列烯醇（PGc）200～300 微克 + 消炎药 + 3% 生理盐水；或一次肌内注射绒毛膜促性腺素（HCG）1000～1500 国际单位 + 氯前列烯醇（PGc）200～300 微克；或一次肌内注射促排三号（LRH-A3）25 微克 + 氯前列烯醇（PGc）200～300 微克，5 天内未发情的，重复肌内注射一次。对于断奶后因卵巢上有黄体存在，长期不发情的母猪，单独使用氯前列烯醇（PGc）或孕马血清促性腺激素（PMSG）均不能有效地促进发情。一次肌内注射绒毛膜促性腺激素（HCG）2000～3000 国际单位，反复使用 2～4 次，可引起黄体退化；也可以一次肌内注射促黄体素释放激素（LHRH）100～300 微克，重复使用 2～4 次，引起黄体退化。对发情不规律的，可先在饲料中加入多维和微量元素，再肌内注射黄体生成素或绒毛膜促性腺激素（HCG），促进囊肿的卵泡黄体化，注射后 14 天再肌内注射氯前列烯醇（PGc），将敏感期间的黄体消除。

【提示】

母猪子宫角、子宫体、子宫颈长度依次分别为 1.0～1.5 厘米、3～5 厘米、10～18 厘米。一旦感染，治愈的可能性非常小，原则上要淘汰。对患有轻微子宫炎的母猪可先进行子宫冲洗和消炎治疗，然后肌内注射氯前烯醇（PGc）200～300 微克。一般在注射后 2～4 天黄体消溶，有 90% 以上的母猪在注射后卵泡迅速发育，发情并排卵，此时配种受胎率可达 85% 左右。若无效再肌内注射孕马血清促性腺激素（PMSG）700～1000 国际单位 + 绒毛膜促性腺激素（HCG）750 国际单位或氯前列烯醇（PGc）600 微克；或同时注射氯前列烯醇（PGc）+ 孕马血清促性腺激素（PMSG）700～1000 国际单位 + 绒毛膜促性腺激素（HCG）750 国际单位或 PG 600。单独使用孕马血清促性腺激素（PMSG）或前列腺素 2α 均不理想，联合使用效果最佳。

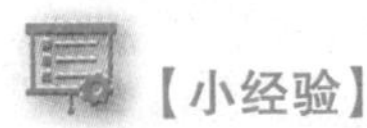
【小经验】

母猪胎盘属于绒毛膜上皮内层胎盘，最大的优点是子宫内膜很容易恢复，所以产后没必要冲洗。

第六节　母猪配种分娩率低下的原因及提高的主要措施

一、母猪配种分娩率现状及其低下的主要原因

1. 母猪配种分娩率现状

母猪配种分娩率是指配种母猪中到期分娩的头数与配种头次数的百分比。同一头母猪在一个约定时间内配种 2 次，记为 2 头次。用公式表示为

配种分娩率（%）= 分娩头数/对应的配种头次数 ×100

对因死亡、疾病、跛行等因素而非主动淘汰的，可用“矫正配种分娩率”表示，即

$$\text{矫正配种分娩率（\%）} = \frac{\text{分娩母猪头数}}{\text{配种母猪头次数} - \text{非繁殖原因淘汰母猪头次数}} \times 100$$

目前，我国母猪配种分娩率平均为 60%～85%，中小规模猪场仍不足 60%，能达 85% 以上的猪场较少，部分规模化、标准化且管理规范的猪场在 85% 以上，与养猪发达国家水平仍存在一定差距。一般情况下，一个猪场可接受的全群配种分娩率为 85%～90%，一胎母猪为 75%～85%，经产母猪为 85%～95%。

2. 母猪配种分娩率低下的主要原因

返情屡屡不断是导致配种分娩率低下的主要原因。返情分为常规返情与非常规返情。目前，大多数猪场母猪的返情率达 20%～30%。根据母猪配种后再返情时间的不同，将返情产生的原因分为以下几点。

（1）受胎失败　受胎失败是指配种 21 天前后再发情，属于正常周期范围内的再发情，又称常规返情。说明其卵巢功能正常，但配种后受胎失败。其原因有两种：一是受精失败，即精子未能使排出的卵子受精，受精发生障碍。原因可能是子宫炎或子宫内分泌物阻碍精子的运动和生存，精子达不到受精部位；或因输卵管炎、水肿、蓄脓以及卵巢粘连等

引起的输卵管闭锁，卵子无法到达输卵管壶腹部与精子结合，而不能受精；或因配种过早或过晚，精子和卵子错过在输卵管壶腹部相遇的最佳受精时间；或者是精液品质不佳无法使卵子受精。受精失败可看成是配种后18~24天或39~45天时重新发情的母猪比例增高的主要原因，其比例约为5∶1。当这一比例大于5∶1时，表明发情鉴定非常好，大多数在第一次返情时就能被查出。二是受精卵中途死亡。可能的原因是配种后遭遇高温或发热性疾病、应激、子宫内环境不适等不利于受精卵生存和发育的因素，导致受精卵中途死亡而受胎失败。

【提示】

常规返情与非常规返情的比率应为5∶1或更高，即每5次受胎失败仅有1次妊娠失败。若配种后21天返情母猪占配种母猪5%以上，应检查种公猪是否存在配种过度或精液品质不良等问题。第一次妊娠查情时没有检查出来被漏掉的母猪，将在配种后36~48天或56~68天再次查到发情。如果返情间隔天数在40天以上，甚至60~100天返情的母猪数量异常多，往往是查情时被错过的母猪较多，应重点加强查情操作工作。若母猪配种分娩率低于85%，表示配种程序或妊娠维持方面可能存在问题。

（2）妊娠失败 妊娠失败可看成是非常规返情的增加，通常与健康有关，可发生在受精之后的任何时候，以配种3周龄以后（25~30天）较多。可能的原因有受精卵到达子宫时与子宫无法建立信号联系，如泌乳期太短（小于16天）时子宫机能未能完全恢复，以及子宫炎症等导致胚胎不能与子宫黏膜有机结合；或因配种后遭遇高温、驱赶、注射、投药、转栏等各种应激；或因子宫乳分泌异常，使着床前处在子宫内游浮状态的胚胎死亡；或因着床的受精卵数未能达到妊娠建立所需的胚胎数（小于5个），母猪无法维持正常的妊娠生理而终止妊娠；或因增加采食量和饲喂高能量日粮，以及接触前列烯醇及其类似物所致的黄体酮减少，不足以维持妊娠；或因疾病和霉菌毒素中毒所致的胚胎重吸收等情况，导致妊娠失败。

不同时间返情的原因不同：

1）配种后18天以内的返情可能是发情鉴定不准、假发情、卵巢囊肿、子宫感染、发霉饲料等干扰了母猪的繁殖周期；或者发情鉴定准确，但错过最佳输精时间。

2）配种后18~19天的返情，可能是配种太迟。

3）配种后21~23天的返情属正常返情，说明发情鉴定准确，但受孕失败。这主要有三种原因：一是配种方面，输精时间太早，或精液倒流太多，或精液品质不合格等，造成授精失败；二是管理方面，应激因素，如配种后的驱赶、注射、喂药、混群打斗、高温等造成受精卵损失；三是病原方面，特别是高热性疾病，引起母猪第一次妊娠信号没有建立。

4）配种后25~38天的返情，可能为隐性流产或怀孕但不怀胎。

5）配种后39~45天的返情说明错过了上一次发情周期，需要对查返情的方法进行检查。

【注意】

如果妊娠失败发生在35天之前，死亡的胚胎通常被机体吸收，妊娠黄体继续存在，个别母猪临床表现妊娠状态，而看不到妊娠失败的现象。

二、提高母猪配种分娩率的主要措施

1. 严格种猪筛选、淘汰标准

发达国家母猪年更新率一般在40%~50%，且绝大部分是主动淘汰；而我国母猪年更新率为25%~30%，且很大比例是被动淘汰。很多已无饲养价值和种用价值的母猪，该淘汰的没有及时淘汰，或未能严格按执行标准淘汰，严重影响配种分娩率。特别是一些处于盈亏临界点以下的低产能母猪，由于缺乏真实有效的数据管理，很难被发现并淘汰。严格选留符合本品种特征的优秀后备猪入群，做好全年种猪更新入群计划，确保胎龄结构始终处于合理区间。严格控制后备母猪初配年龄和体况，对提高配种分娩率具有重要意义。

2. 提高配种受胎率

（1）加强配种后饲养管理 为妊娠期母猪提供适宜的生产、生活环境条件，确保妊娠后母猪安胎、保胎。满足不同生理阶段的营养需要，制定并执行合理的饲喂程序，切忌饲喂霉烂、腐败和变质的饲料。保持

猪舍安静、清洁、卫生，及时供给清洁的饮水。强化配种后的查情和早期妊娠诊断，及时发现返情、空怀母猪。

（2）加强哺乳母猪饲养管理 提高哺乳期母猪日摄入营养物质总量，控制哺乳期失重小于10千克、背膘损失小于3毫米是提高配种分娩率的重要措施。根据母猪带仔量、仔猪的增重目标、母猪膘情等因素确保营养物质足额均衡供给。对于带仔少的母猪，应适当控制喂料量，防止断奶时体况过肥。

（3）加强断奶母猪饲养管理 强化断奶母猪运动、诱情、催情补饲，严格监控断奶母猪的膘情。为断奶母猪提供适宜的环境条件，如适宜的温度、光照、饮水、营养。

（4）严防子宫内膜炎等疾病 目前，猪场母猪子宫内膜炎的发病率呈上升趋势，较严重的猪场占40.3%，治愈率低于30%的猪场占60.6%。发生子宫内膜炎的母猪与正常母猪相比，产后初配天数和产后受孕天数相应增加，情期受胎率下降，平均配种受胎次数增加。因此，要加强饲养管理，预防母猪便秘、缩短产程，常态化严抓生物安全体系建设，防范病原微生物的传入，避免子宫内膜炎的发生。制定适合本场的免疫程序和保健措施，力争繁殖母猪群免疫力处于最佳状态。定期进行病原微生物和抗原抗体检测，对威胁母猪健康和繁殖性能的疾病做到日常净化，严格淘汰阳性母猪。

3. 提高繁殖技术

准确发情鉴定，适时配种。加强公猪饲养管理，改善精液品质，提高公猪的配种分娩率及产仔数。目前，大多数猪场管理者很少分析公猪的配种分娩率。这可能是没有详细记录配种信息和与配母猪的生产成绩，或者使用了混精，统计方法复杂而无法计算。

4. 提高配种员专业技能与积极性

母猪配种分娩率的高低，除受品种、营养、管理、精液品质等因素影响外，配种技术员也是重要影响因素。不同配种员母猪的配种分娩率存在较大差距。影响配种员配种分娩率的因素包括配种员的发情鉴定能力、工作经验、工作态度、查情准确率、最佳输精时机的把握、发情期的诱情、种猪管理、精液品质鉴定、配种操作技能的熟练程度和妊娠检查的效率等。系统、完善的生产记录和定期分析生产数据与繁殖力高低

之间的关系，同样也是配种员重要工作的一部分。因此，养殖场应根据本场条件制定详细、切实可行的配种操作规程；经常组织配种员进行培训学习，提高繁殖技术水平；充分发挥配种人员工作的主观能动性，激发他们配种创新的积极性和潜能；完善绩效考核方案和提高薪酬制度，激励和提高配种人员工作的积极性和主动性。

第二章
提高繁殖质量，向优生要效益

第一节　弱仔管理误区

一、弱仔认知误区

弱仔是指母猪分娩正常，但有部分或全部新生仔猪生活力很弱，不吃奶或拱奶无力，不能站立或呆立、哀鸣、发抖、个别腹泻，体温正常或稍低，常于出生后 1 ~3 天死亡。养猪生产是一个动态变化的过程，不在妊娠期和分娩时会出现弱仔，仔猪出生后一周内还会不断地出现新的弱仔，有 10%~30% 的仔猪与其他正常仔猪的体重、毛色、膘情、精神状态等存在很大差距，这部分仔猪个体弱小、活力差（见彩图 7）。产房可出现高达 20% 的弱仔，保育舍可出现高达 30% 的弱仔。因此，弱仔应包括保育期以前出现的体重明显低于同期正常仔猪的个体，或相关抗体水平明显低于同期正常仔猪的个体。

猪是多胎动物，产出弱仔不可避免，弱仔率小于或等于 10% 属正常情况。目前，大多数规模猪场的弱仔率已超过 10% 。管理较好的猪场弱仔率会在 5% 以下，管理良好的猪场弱仔率会在 3% 以下。正常情况下，10% 的弱仔会在哺乳期和保育期死亡或被淘汰。分娩时弱仔率上升，意味着妊娠后期（90 天后）营养供给不足；或头胎母猪与老龄母猪过多；或营养与管理不合理；或感染疾病。仔猪出生前后营养不良对后代健康具有长期的影响，低初生重增加整个生命周期健康的风险。因此，准确分析弱仔形成的原因，可有效降低弱仔率。

二、弱仔界定误区

大多管理者认为只要是弱小的个体都属于弱仔，这种错误观念往往导致管理的错位，给生产带来不必要的麻烦。评判是否弱仔的指标有以下几项。

1. 初生重

20 世纪 90 年代前，仔猪的初生重平均为 1.2～1.3 千克，凡初生重小于 0.8 千克的仔猪被认定为弱仔。随着品种选育和营养学的快速发展，现代仔猪的初生重比 20 世纪 90 年代提高了 0.2～0.4 千克/头，弱仔初生重的界定范围也随之发生变化。生产实践发现，现代猪种初生重小于 1 千克的仔猪死亡率是初生重大于 1 千克仔猪的 3～5 倍，出生后一周内 50% 以上的死亡仔猪是初生重小于 1 千克的仔猪，后来把初生重小于 1 千克的仔猪认定为弱仔。2003—2009 年美国德克萨斯农工大学猪中心对仔猪初生重与死亡率关系的统计分析表明：76% 的断奶前死亡仔猪为初生重小于 1.1 千克的宫内发育迟缓的仔猪，比之前的认定标准提高了 0.1 千克。

2. 初生仔猪的“活力”

在实际养猪生产过程中经常发现一些仔猪初生重大于 1.1 千克，但皮肤苍白、身体瘫软无力、不会抢奶或无力吸吮乳头，按照初生重指标判断不应该是弱仔，但这些仔猪在出生后一周内死亡率很高，失去实际饲养价值。而有些仔猪初生体重不足或接近 1.1 千克，但仔猪脐带粗壮，争抢乳头有力，抓在手上感觉仔猪挣扎非常有力，且在出生后一周内成活率很高，生长发育良好。因此，除仔猪初生重外，活力也是决定仔猪出生后生活质量和成活率的关键因素。衡量仔猪活力的指标，包括健康状况，如脐带是否粗壮，脐动脉跳动是否有力，皮肤是否红润以及精神状态，对周围环境的反应能力，哺乳能力（如抢奶、拱奶、吸吮乳头是否有力），环境适应能力，抗应激能力和出生后一周内的成活率等综合因素。因此，判断弱仔首先应考虑初生仔猪的“活力”，即初生仔猪的生活能力必须作为首要的评价指标，然后是初生重。如果初生重足够大，但是活力很差，也应归属于弱仔。如果初生重只有 0.8～1.1 千克，但是活力足够强大，也不属于弱仔。

目前，规模猪场初生仔猪普遍存在活力不高的现象。决定仔猪活力的关键因素是妊娠期母猪的营养（主要是多维、微量元素、氨基酸）水平和饲喂管理。特别是胎儿快速生长期（妊娠 90 天至出生），母体与胎儿间血氧和营养之间的物质交换能力是决定仔猪出生后活力的关键因素。

3. 初生仔猪的体长

现代瘦肉型品种仔猪出生时体长多超过 270 毫米，凡出生体长小于 270 毫米的仔猪，说明其在子宫内发育迟缓。临床实践发现，出生体长小于 250 毫米的仔猪，其骨骼和肌纤维发育受到抑制，脏器发育不良。初生体长不达标的仔猪，出生后体质较差，活力低下，极易患病，死亡率高，在哺乳期、保育期极有可能成为新的弱仔。因此，初生仔猪的体长指标可作为判断弱仔的辅助指标或边际指标。

4. 初生仔猪的体温

通常情况下，发育不良的胎猪，由于宫内获得营养和血氧物质较少，出生时体储较少，特别是提供能量的糖类严重不足。这会导致初生仔猪低温综合征，仔猪生活能力下降，极容易被冻死、压死。因此，通常把出生时体温比正常仔猪低 0.2～0.5℃的个体作为判断是否是弱仔的又一个边际指标。

三、弱仔危害误区

由于弱仔自身体质差、生命脆弱，成活率低，极容易感染病原微生物。在规模化、集约化、高密度饲养环境条件下，弱仔是流行病发生最脆弱的易感动物，往往成为猪场疫病流行的初始环节。许多非母猪流行的疫病如流感、链球菌、断奶多系统衰竭综合征、呼吸道综合征等地方性流行病的初始病例，多出自弱仔。由于弱仔的存在，很快打破猪群与病原微生物原本固有的平衡状态，引发疫病的发生和流行，并通过初始的活体发病继代，使病原微生物毒力增强。弱仔群体的存在不仅提高了饲养管理的难度，造成了饲料浪费和饲养管理成本的增加，更重要的是提高了疾病发生和流行的风险。弱仔的饲养无任何价值，且对养猪业的危害则远远超出人们的想象。

第二节 减少弱仔的主要措施

一、妊娠期弱仔的成因与改善措施

1. 宫内发育迟缓（IUGR）

妊娠期胎儿或胎儿器官生长发育受到损害是宫内发育迟缓、形成弱仔的主要根源。宫内发育迟缓的程度可作为衡量仔猪初生重大小的重要指标，因其与仔猪心脏、肝脏和消化器官等重量呈正相关，直接影响仔猪的初生重和活力。日粮营养水平和母猪激素分泌是影响宫内胎儿发育的重要原因。

提高母猪妊娠中期55～90天日粮营养水平可提高胎儿次生肌纤维的增殖，从而提高胎儿后期生长速率和饲料转化率。妊娠期日粮12.1%的蛋白质水平可使仔猪初生重和肌肉组织含量达最佳，蛋白质含量过高（30%）或过低（6.5%）均降低仔猪初生重和仔猪肌肉组织含量。一氧化氮和多胺缺乏时母体向胎儿转运营养和血氧的能力下降，影响胎盘内皮DNA和蛋白质的合成，引起胎儿发育受阻，结构和生理代谢变化，导致仔猪初生重低、活力差和补偿生长潜力低，后续生长速度慢。精氨酸是一氧化氮和多胺合成的底物，主要作用是刺激胎盘和子宫蛋白质的合成，当妊娠日粮精氨酸水平达0.83%时，窝产仔数和仔猪初生窝重均得到提高，对胎儿的发育和出生后的生长起关键作用。母体营养状况决定供给胎儿的养分浓度，而生长激素分泌轴则通过影响胰岛素样生长因子的分泌来调控胎儿对这些养分的吸收。胰岛素样生长因子与胎儿的发育、仔猪初生重及后续生长有关，注射外源生长激素可提高母体对胚胎的营养供给量。

胎盘效率也是影响宫内发育的一个因素。胎儿与母体之间借助胎盘相连，母体营养物质和血氧通过胎盘流向胎儿，再将胎儿代谢产物和二氧化碳通过胎盘流向母体。这种母仔间物质交换能力的效率称为胎盘效率，即胎儿重量与胎盘重的比率，也就是单位重量的胎盘支持的胎儿体重。影响胎盘效率的因素包括胎盘重量、胎盘面积、胎盘长度，以及胎盘与子宫内膜的血管化程度。高的胎盘效率可提高胚胎的存活率，从而提高窝产仔数和仔猪初生重，减少宫内发育迟缓仔猪的数量。胎盘效率在第一胎时较低，第二至四胎时呈现逐胎增加的趋势，到第五胎时开始下降。营养对母猪胎盘的生长和功能的维持具有重要作用，对于头胎母猪及六胎以上母猪补充营养可促进胎盘的生长，延缓胎盘功能下降。

2. 宫内拥挤

仔猪初生重和窝内均匀度是影响弱仔率的重要指标。子宫容积的大小不仅限制母猪产仔数，还影响仔猪初生重、窝内均匀度及出生前后的生长发育。在相对拥挤的子宫环境下，母猪高繁殖力和胚胎存活率的提高显著增加了子宫容积不足的风险。同窝内体重轻的仔猪所占比例与窝产仔猪数的多少成正相关，特别是头胎母猪的子宫容积相对有限，当胎儿多于 12 个时，部分胎儿的发育受到子宫容积与营养供给的制约，会出现较多弱仔。为了保持胎儿正常生长发育，在妊娠 50 天时胎猪需要 36 厘米长的空间。随着现代遗传选育的发展，母猪产仔数越来越高，但子宫的空间很难满足这种需求，即使是最高的产仔基因也容易受到狭窄的子宫影响而不能表达。

受遗传因素的限制，不同品种母猪的子宫容积是一定的。因为猪属于多胎动物，所以宫内拥挤无法避免。当子宫容积一定时，窝产仔数越高，仔猪初生重越低，同时窝内均匀度也随之降低。因胚胎在子宫内竞争有限的营养物质和狭小的子宫空间，生长发育必然会受到限制，且胚胎所处的位置不同，获得营养和血氧的能力、多少、先后顺序也不同。所以，仔猪初生重大小、均匀度存在差异，死亡在所难免。因此，提高母猪繁殖性能的研究应偏重于提高母猪子宫内容积，为胎猪提供足够大的发展空间，从而为提高窝产活仔数、均匀度及降低弱仔奠定基础。如我国太湖猪子宫容积远大于外来品种，创造了产仔数 42 头的世界最高纪录。

3. 母猪妊娠期生理变化

从妊娠识别、妊娠维持到分娩启动，妊娠母体的内分泌、神经与激素调节、物质代谢、生理机能等发生了一系列生理变化，影响初生仔猪的质量，导致弱仔率提高（见图 2-1）。

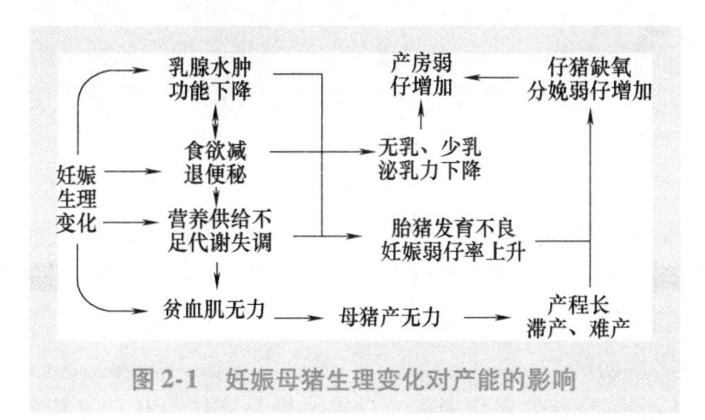

图 2-1　妊娠母猪生理变化对产能的影响

（1）消化系统的生理变化　母猪妊娠初期促性腺激素分泌逐步减

少，动情素、黄体酮分泌增加。受黄体酮分泌增加的影响，胃肠道平滑肌细胞松弛，张力减弱，蠕动减慢，胃排空和食物在肠道中停留时间延长，母猪易出现饱胀感和便秘。由于贲门括约肌松弛，胃内容物可逆向流入食管下部，引起反胃等早孕反应。其次，妊娠后肾上腺皮质分泌增加，同样抑制胃肠蠕动。消化液和消化酶分泌下降，母猪食欲变差，采食减少，易出现消化不良，饲料利用率降低。妊娠后期，体内渗透压改变，肠道大量水分被吸收；同时由于胎儿快速发育挤压胃肠，以及妊娠后期母猪运动较少和饲喂量增加等诸多因素叠加，胃肠蠕动减弱，加剧便秘形成。妊娠期消化系统的这些生理变化可导致母仔营养供给不足，妊娠期母猪就开始掉膘，体重减少，仔猪初生重减轻、窝均匀度变差，并影响本胎次母猪的哺育能力。

（2）血液循环系统的生理变化 妊娠后母猪全身血容量迅速扩充30%~45%，此时血液中白蛋白、血红蛋白和血红素浓度骤降，导致血液胶体渗透压下降。消化机能减弱和血容量扩充加剧母猪、胎儿血氧和营养供给不足，衍生胎猪发育停滞或迟缓，导致死亡或成为弱仔。妊娠后期，胎儿快速发育对白蛋白、血红蛋白和血红素需求大大增加，进一步加速母猪和仔猪贫血进程。胎猪发育不良，初生重较轻，均匀度差，活力低下，还会造成“子宫肌、腹壁肌、膈肌”营养存储不足，生产时肌无力，产程延迟、滞产、难产，分娩时死产和弱仔比例增加。

（3）代谢系统的生理变化 整个妊娠期内母猪代谢率平均增加11%~14%，但在妊娠后期由于胎儿加速发育需要大量能量，母体代谢率提高了30%~40%。此时，胎盘分泌素可提高母体血糖供给量。但是因为母体血糖无法被自身利用，所以转而利用自身脂肪和蛋白质，结果导致脂肪和蛋白质分解释放能量的过程中产生大量的有害含氮化合物、酮体、尿素、自由基，严重损伤母猪肝肾功能，引起妊娠酮酸中毒，威胁母猪、胎猪的健康和生命，使初生仔猪早期夭折或成为弱仔。妊娠后期分解代谢的增强进一步加剧了氧化应激的发生。DNA氧化应激的增加和抗氧化能力的下降，使得母猪系统性抗氧化损伤显著上升，而妊娠晚期母猪氧化损伤的增加对胎儿生长和健康以及出生后的生长产生负面影响。为降低妊娠晚期的氧化损伤，日粮中需补充抗氧化剂、精氨酸和n-3不饱和脂肪酸来增加胎儿的营养供应，以缓解胎儿的氧化应激，对胎儿

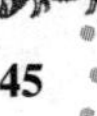

和以后的生长与降低妊娠弱仔率十分有利。

临床常见到因子宫血液循环不畅、营养供给不足造成的胎衣显著变薄、重量较轻，颜色发白或发暗，胎衣可见钙化灶、出血、坏死斑。母体与胎儿之间的物质传递受阻，羊水减少，当羊水不足时，羊膜囊的压力下降，对子宫颈和子宫壁的压力不足，很难正常启动分娩，是延期分娩的主要危险因素。同时，胎衣包着胎儿的现象更进一步说明胎儿活力低下，即使初生重大，活力也低。这些现象的发生与母猪妊娠生理变化密切相关。

4. 其他因素

大量使用抗生素治疗或保健，使母猪肝脏的解毒功能、肾的排毒功能下降，更多的毒物蓄积在体内，致胎猪死亡或活力变差，如氟甲砜霉素可引起先天性弱仔。怀孕期接种毒力较强或者免疫应激较大的疫苗同样影响胎儿的发育，产生弱仔。妊娠期感染猪瘟病毒、细小病毒、圆环病毒等，或母猪抗体偏低产出带“毒”仔猪，成为弱仔。另外，霉菌中毒，7 胎次以后的母猪，死产、弱仔明显增多。

二、分娩过程中弱仔的成因与改善措施

分娩过程中产生的弱仔大都是产程超过 3 小时以上，因通过产道时间延长，新生仔猪缺氧活力下降所致。高温热应激、便秘、母猪肥胖、胎儿过大、产道狭窄和分娩阻力大等都可造成产程延迟、滞产或难产。胎儿通过硬产道时间过长，或因乱用缩宫素等导致脐带扭转和过早扯断，使胎儿供血不足，脑部缺氧，导致仔猪出生后定向困难，不会寻觅乳头，不会吸吮。如果不能尽快地诱导仔猪恢复呼吸和吸吮行为，即使初生重合格的仔猪也极容易形成后天性弱仔。另外，助产不当损伤肢蹄、眼部、口鼻或未能及时撕破衣包，均可造成仔猪出生后生活能力下降，成为弱仔。

三、哺乳期弱仔的成因与改善措施

1. 出生后 6 小时内护理不当与改善措施

仔猪出生后需经历三大转变：一是从温暖舒适的羊水环境向多变的自然环境转变；二是从母体供氧向自主呼吸过程转变；三是从母体供给营养向自动营养转变。这三大转变完全彻底打破了胎儿在子宫内温暖、舒适、无菌、营养充足的环境条件，再加上分娩应激（经过狭窄、拥挤

和紧迫的硬产道等）、环境因素应激（寒冷、污浊空气、病原微生物）、管理因素应激（断脐、剪牙、断尾、去势、注射和感染之痛，忍饥挨饿、拼命抢奶吸吮之困）和母猪的传导应激（产后高热、感染、胎衣滞留、乳房水肿）等作用，仔猪从生理、心理上必将产生巨大的应激反应，极容易形成三种状态。一是屏息状态或缺氧状态。出生后表现为呼吸急促、腹式呼吸、站立不稳、四肢协调性差等脑部缺氧状态。二是受凉低温状态。母猪分娩时的体温一般在39～39.5℃，出生后仔猪最低临界温度为32～34℃，产房母猪分娩最适温度为18～20℃。这种温差的变化对出生前后的仔猪是灾难性打击，测量其体温时发现其直肠温度往往低至36.5℃，理论值应该在38.8℃。仔猪在临界温度下的体温损耗更大，出生后最易发展为低温症。三是空腹状态或低能状态。临床发现凡是在产后12小时内死亡的仔猪，解剖后腹腔中几乎没有任何食物。因初生仔猪在屏息状态和低温状态下，形成了实际意义上的弱仔，表现为反应迟钝、行动迟缓、站立不稳、呼吸不畅、体温下降、找不到乳头和抢不到乳头，连吃奶的力气都没有。凡在产后12小时内吃不到或吃不足初乳而长时间处于脑部缺氧、低血糖和低温状态的仔猪，往往被冻死、饿死或被母猪压死。因此，应加强仔猪出生后6小时内的管理工作，避免因管理不善形成新的弱仔。

【小经验】

①仔猪出生后保持与脐带相连3～5分钟后再断脐，这对仔猪出生后维持正常体温、体内血氧和血糖水平的稳定很重要，有利于仔猪安全度过三大应激转变，避免低温和缺氧状态。②断脐时如果快速将脐带血捋回到仔猪体内，有可能对仔猪的肝脏、心脏造成损害，且断脐后由于凝血机制的即时启动会出现大量微血栓挤入后肢，引起后肢抖动或站立不稳。

2. 哺乳期生长发育受阻与改善措施

哺乳期生长发育受阻有多种原因。由各种原因所致母猪产后无乳、少乳，仔猪因无法获得足够的营养和抗体，抵抗能力下降，生长发育受阻或停滞。因不固定乳头，活力强壮的仔猪抢到泌乳量较好的乳头，活力低的仔猪只能吮吸泌乳量少的乳头，使弱者更弱甚至形成奶僵。乱用、滥用药物等引起仔猪肠道菌群失调，生长发育不良也会产生新的弱仔。如磺胺类药物引起免疫功能不全性弱仔与贫血性弱仔；喹诺酮类药物引起骨关节发育障碍性弱仔；氟甲砜霉素引起免疫抑制性弱仔。补铁、补硒不足，补料、补水不科学不到位，产房和产箱温度不能满足仔猪的需要等，也可使生长发育受阻。环境条件差，消毒不科学，仔猪获得母源抗体水平参差不齐，导致产房病原微生物感染压力加大。仔猪因患腹泻、渗出性皮炎、链球菌病、寄生虫病等疾病未能及时有效治疗，可产生新的弱仔，甚至形成“病僵”。出生后一周内，断尾、剪牙、断脐、打耳号、肌内注射和外伤等创伤引发感染后的炎症、疼痛，使仔猪生长发育停滞或负增长。

第三节　减少妊娠母猪生理性便秘的主要方法

一、便秘的表现与危害

1. 妊娠母猪便秘的表现

便秘是妊娠母猪生产管理过程中一个普遍存在的问题，猪场母猪便秘的情况比较严重，大约60%的妊娠母猪有便秘现象，一般集中在妊娠85天胎儿开始启动加速生长时，出现临床症状的时间集中在产前10~20天。临床表现为体温正常，采食逐渐下降直至废绝；排便逐渐减少，直至排便困难；粪便干结，呈球状，干硬；精神沉郁，鼻镜干燥无水珠。这些症状随着便秘的延长而加重。由于大多数管理者对这些现象习以为常，因此母猪的这些症状常常被忽视。只是到了母猪排便困难或无法排便、厌食的时候，才被重视，但为时已晚，危害已无法避免。

2. 便秘的主要危害

（1）产仔质量显著下降　便秘时，母猪采食量逐渐下降或废止，胃肠功能紊乱，消化吸收功能减弱，胎猪营养供给不足。便秘形成时期，往往正值胎儿快速发育需要更多营养物质的时间，胎儿之间必将竞争有限的营养物质，从而导致弱胎更弱，部分胎儿发育受阻或停滞、死亡，初生重减轻，均匀度和活力变差。同时，坚硬的粪球压迫产道、子宫，造成子宫血液循环不畅，胎猪营养、血氧供给不足；胎衣变轻、变薄，颜色发暗；子宫肌营养不均，子宫内环境恶化。一般发生便秘的母猪，产弱仔、死胎比例增加。

（2）哺乳期仔猪存活率下降 妊娠后期便秘发生的过程中，母猪采食量逐渐递减，直至废绝，母猪体储严重不足。即便是通过治疗，这种现象仍然会延续至哺乳期，导致哺乳期采食量不足，无法满足正常泌乳，初乳质量下降、无乳或少乳。影响延伸至哺乳仔猪，使哺乳仔猪生长发育受阻，抵抗力下降，死亡率增加。母猪因采食量偏低动用体储营养泌乳，产生脂肪乳、炎性乳、水肿液，又加重了乳仔猪的腹泻、死亡。

（3）母猪繁殖障碍 妊娠期便秘所致的哺乳期采食量不足，失重增加等问题，导致断奶后母猪乏情、发情延迟、配种率不足60%等，显著影响下一胎次的繁殖能力。

（4）母仔亚健康 干硬的粪球堵塞肠道，损伤肠道黏膜，使毒素无法排出，被二次吸收，导致母猪继发感染、发热。便秘时，肠道菌群失衡，营养消化吸收减弱，有害微生物大量繁殖，并使长时间停留在肠道中未被消化的蛋白质、脂肪、碳水化合物异常发酵，产生组胺、腐胺等有毒有害物质。这些有害物质一部分进入血液循环，引起母猪各种炎症，如子宫炎、乳腺炎等；损伤肝的解毒功能、肾的排毒功能、心肺功能，危害母猪健康，使母猪体质变差，增加被感染的概率；另一部分通过奶水排出，引起仔猪免疫抑制和腹泻。而且，长期便秘还可引起母猪精神沉郁、暴躁、坐立不安，容易压死仔猪。

（5）分娩母猪产程延长 便秘时母猪营养供给不足，与分娩启动相关联的子宫肌、腹壁肌、膈肌营养不良，收缩无力，分娩产程延长，难产、死胎和弱仔明显增多。

【提示】

便秘是母猪身体状况不佳时发出的一个重要信号，极具延伸效应。凡妊娠期便秘的母猪，仔猪初生重一定减轻、活力下降、窝均匀度变差；母猪分娩时产程延长；泌乳母猪无乳、少乳综合征多发；断奶母猪出现繁殖障碍；仔猪健康不佳。便秘应引起养殖户高度重视。

二、便秘的成因与预防措施

1. 妊娠母猪便秘的成因

母猪妊娠后随着孕激素水平升高，子宫肌与胃肠平滑肌松弛，这有利于胎儿的定居，但会造成肠蠕动减慢，粪便在肠道内停留时间延长，水分被过度吸收，造成粪便逐渐干结。母猪的限位饲养，长期缺乏运动会加重胃肠功能减弱，肠蠕动减缓，是便秘形成的重要原因。其次，妊娠95天以后胎儿生长呈直线加速，与之相适应的营养物质供给也必须快速跟上，母猪日饲喂量增加至3.5～4.0千克。采食量快速增加，肠内容物增加与胎儿迅速生长挤占胃肠空间的矛盾加剧，加速便秘形成。如果再遇到高温热应激，肾上腺皮质激素分泌增加，抑制胃肠蠕动，肠道水分丧失加快，水、盐代谢紊乱，从而缩短便秘形成时间。这些不利因素的叠加，促使便秘的形成。

2. 预防便秘的措施

1）增加饲喂次数。母猪妊娠后期，既要防止因少喂而导致营养供给不足，又要防止过度饲喂加剧便秘形成。原则上母猪妊娠95天后逐步增加饲喂量，由日喂3次增加至日喂4～5次。

2）控制舍温在15～20℃，严禁超过30℃。夏季高温季节应加强防暑降温，可在饲料或饮水中添加抗热应激物质如碳酸氢钠、维生素C、电解多维。

3）妊娠后母猪的日粮中粗纤维水平增加至5%～8%，适当饲喂青绿饲料，补充膳食纤维。

4）添加有益菌、益生素或中草药健胃散，可调节产道微生物菌群平衡，帮助母猪消化吸收，促进胃肠蠕动，能很好预防便秘。

5）妊娠60日龄后的母猪，改限位饲养为群养或半限位模式，适当增加运动。

6）确保妊娠母猪日饮水量为15～20升，水温15～20℃。

7）严禁饲喂霉变饲料，杜绝预防性投药引起的药源性便秘。

【提示】

便秘的预防远远大于治疗。当发现便秘已经形成时，无论采用多么有效的治疗手段和技术，也很难消除对母仔猪造成的严重危害。

【小经验】

便秘形成时，在确保母仔猪安全的前提下，可灌服适量液状石蜡、蜂蜜、食用油等软化坚硬的粪球，再用开塞露或肥皂水直肠灌注，软化粪球和润滑肠道。同时，配合适量的硫酸镁、硫酸钠或人工盐等泻剂帮助母猪排便。粪球排出后，立即配合消炎药和健胃散，如大黄苏打、酵母、小苏打、多酶、维生素 B_1 等混合物灌服，并补充葡萄糖和电解多维。

第四节　缩短母猪产程的主要方法

一、正确认识产程

妊娠期满，母猪将胎儿及其附属物排出体外的生理过程称为分娩，分娩的整个过程称为产程。产程一般划分为 3 个阶段：第一产程是指母猪启动分娩到产出第一头仔猪的时间；第二产程是指从第一头仔猪产出后到最后一头仔猪产出的时间；第三产程是指最后一头仔猪产出后到胎衣完全排出的时间。通常情况下所说的产程是指第二产程开始到第三产程结束，正常产程为 2 ~ 3 小时。当第一头仔猪产出后，每隔 15 ~ 22 分钟产出 1 头，有的个体接连产出 2 ~ 3 头；产完仔猪后约 0.5 小时排出胎衣。窝分娩时间超过 3 小时为产程延迟，超过 5 小时为难产。当产仔间隔大于 30 分钟，即破水之后 30 分钟未见胎儿娩出，或胎儿娩出间隔超过 30 分钟均属滞产。

调查发现，母猪产程过长（4 小时以上）的现象普遍存在，全国 80% 以上的母猪平均产程超过 4 小时，部分猪场达 6 ~ 8 小时。据不完全统计，约 30% 的母猪由于产程延长，分娩过程中总有 1 ~ 2 头/窝以上发育正常的死产。我国断奶前新生仔猪死亡数占总产仔数的 20% 以上，其中 85% 以上断奶前死亡发生在分娩过程中或分娩后的 1 ~ 3 天，即围产期死亡，其中死产排第一位，与母猪产程有关。

二、产程长的危害

1. 对仔猪的危害

（1）死胎、弱仔增多　分娩是母猪受激素剧烈诱导，子宫收缩、胎盘脱落，母体将胎儿推向子宫颈口并排出胎儿的一连贯动作，对仔猪是个巨大的考验。在一个相对短暂的时间内，无论对于母体或是新生仔猪，分娩本身都是一种高度应激反应过程。若产程过长，使胎儿长时间处于狭窄拥挤的产道内，受宫缩挤压，甚至脐带扭转、断裂，胎儿血液循环会短暂地中断，极易造成仔猪缺氧窒息死亡。即使不严重，也容易分娩出弱仔，仔猪出生后体质较差，生长缓慢，成活率较低。当产仔间隔时间超过 45 分钟或胎儿通过硬产道超过 5 分钟时（因胎儿体内血液中的余氧仅能供其在产道正常生存约 5 分钟），大多数胎儿会发生缺氧窒息死亡，即使能够存活，其活力也很差，出生后 7 天内的死亡率很高。大量临床事实证明，产程过长产死胎、弱仔的发生率可达 95%，其中仔猪窒息死亡 10%~50%，产弱仔 10%~20%。

（2）仔猪活力下降 产程长时，仔猪死亡或形成弱仔的主要原因是缺氧窒息。轻度窒息（或称青色窒息）的仔猪四肢无力、肌肉松弛、站立不稳，有的昏迷不醒、呼吸不均，没有吮乳反射。这类仔猪极易被母猪压死，出生后 10 天内死亡率较高，即便不死，后期也会发育迟缓。重度窒息（又称白色窒息）的仔猪通常呈假死状态，呼吸停止，全身松软，全身发白（即“白仔”）。临床发现有 85% 以上重度窒息的胎儿在胎膜内或脐带断裂时还活着，脐动脉有跳动，若不及时救治，很快在 2~3 分钟死亡。无论是哪种形式的窒息，仔猪生活能力都低下，死亡率极高。母猪产程延长导致产死胎、弱仔的机理如下。

① 脐带断裂过早。通常母猪两侧子宫角内各有 5~7 个胎儿，子宫长 150 厘米，子宫颈到阴门的距离大约 50 厘米。脐带的长度平均 25 厘米，即使脐带的弹性可使其拉长约 38%，对处于子宫远端位置的胎儿来说离阴门的距离仍远小于 200 厘米。即正常情况下，远端的胎猪成为死胎或弱仔的风险非常高。母猪开始分娩时，胎膜从子宫壁脱落，胎儿向外排出，拉伸脐带引起血管收缩，血流量降低。如果脐带过度被拉伸会提前断裂，胎儿供血中断。此时，如果产程延长或滞产，胎儿未能及时产出，常因缺氧窒息死亡，这也是大体型母猪所产仔猪和子宫角远端的仔猪更容易死亡的原因。

【提示】

临床常见胎衣内、胎儿体表或口鼻腔中有大量黏液和胎粪（见彩图8），其原因是产程长时，仔猪在子宫或产道内缺氧，二氧化碳和乳酸水平持续上升，血液 pH 下降，诱发胎猪肠蠕动和肛门括约肌松弛，导致胎粪排到羊水中，同时仔猪因缺氧提前呼吸而吸入羊水和胎粪所致。

② 仔猪呼吸障碍。产程延长时，仔猪滞留产道时间延长，导致仔猪经历长时间的呼吸障碍。通常 2 分钟以内的呼吸障碍一般不会对仔猪产生影响；2 ~ 5 分钟的呼吸障碍会造成仔猪轻度窒息；如果超过 5 分钟，就会导致仔猪重度窒息，甚至死亡。发生呼吸障碍的仔猪出生后，因缺氧脑细胞死亡，活力低下，大多在出生后 1 天内死亡。

③ 仔猪代谢损伤。长时间分娩的母猪，在肌糖原耗尽后，随着血糖分解的增加，脂肪也开始分解，酮体的生成加速。特别是在产前一周开始减料，使母猪分娩时处于相对饥饿状态，会使血糖进一步降低，肌糖原减少，胰岛素分泌下降，胰高血糖素分泌增加，致使肌肉释放氨基酸加快，糖异生作用增强，脂肪分解和酮体生成进一步增强，产生更多的乳酸和丙酮酸。乳酸的升高加剧代谢性酸中毒，通过胎盘将代谢酸转输给胎儿，导致仔猪生理性酸中毒和代谢损伤，增加死胎、弱仔比例。另一方面，产程长时母体血氧含量低、二氧化碳含量高。特别是在第二产程时分娩肌肉舒缩频繁，分解代谢加速，造成酸碱失衡，同样导致仔猪生理性酸中毒和代谢损伤，增加死胎、弱仔。

2. 对母猪的危害

产程长的母猪产后几乎 100% 采食量偏低，甚至厌食，产后长时间无法达到正常水平采食量。仔猪因初乳质量差、无乳或少乳，腹泻率高达 60% 以上。母猪哺乳期严重掉膘失重，断奶后乏情、发情延迟，返情比例高达 75% 以上。即便是发情配种，分娩率也会下降，下一胎产仔数也必然减少，母猪连续性生产性能和终身繁殖性能严重下降，被动淘汰率大于 75% 。此外，在分娩过程中子宫平滑肌和其他相关肌肉组织长时间剧烈收缩，子宫肌被拉长、变薄，子宫平滑肌弹性下降，导致子宫受损严重，极易出血、水肿、脱出、感染。子宫收缩需要消耗大量的能量并产生大量肌酸，极易过度疲劳，导致宫缩无力，甚至停止努责，恶露（胎衣及其碎片，羊水，血块，死胎及其碎片）排出缓慢或无法排出，严重影响产后子宫功能恢复，母猪难产、生殖道感染、乳腺炎等疾病的风险高可达90%。

母猪产程延长的主要危害可归纳为六个方面，如图2-2所示。

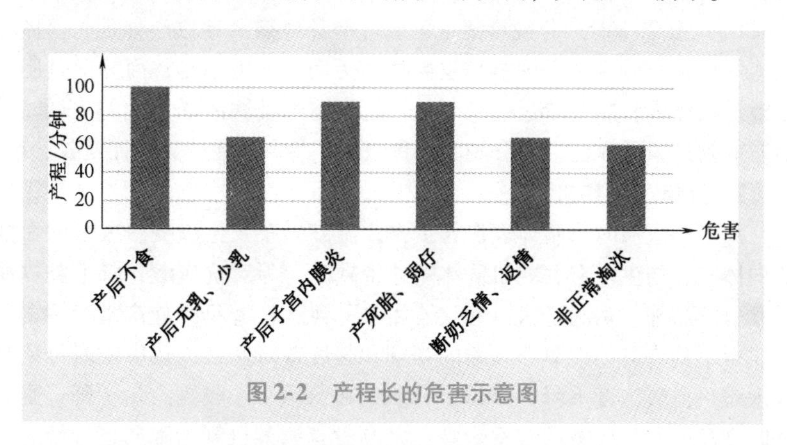

图2-2 产程长的危害示意图

三、影响产程的因素与改善方法

1. 提高与分娩相关的肌群收缩力

（1）增加运动 分娩对母猪是一个急需体力和耐力的过程。由于限位饲养长期缺乏运动，与分娩相关的腹肌、膈肌、子宫肌得不到有效锻炼，产道肌肉和韧带弹性不足，导致母猪分娩时缺乏体力、耐力、肌肉收缩力，在分娩过程中经常出现因疲劳而停止用力和努责的现象。大多数母猪产6头左右就出现宫缩无力的症状，个别母猪产仔两天后又产出活仔。由于缺乏运动，肺活量低，使得母猪屏气用力的时间明显缩短，产程明显延长。同时，当母猪呼吸能力下降时还会减少三磷酸腺苷生成，抑制氧化磷酸化作用，线粒体钙离子摄取能力下降，让分娩相关的肌肉疲劳，进一步加剧产程延长。另外，缺乏运动，母猪心、肺功能下降，营养物质和血氧供给缓慢，体质虚弱、贫血，流经胎盘的血液量减少，羊水减少，使分娩阻力变大。因此，取消限位饲养，加强妊娠母猪运动是缩短产程的重要管理措施。

（2）增加分娩肌群营养储备 受妊娠生理影响引起贫血和生理性便

秘所致子宫肌血液循环障碍叠加效应的影响，分娩肌群血氧和营养储备不足。提高妊娠后期日粮营养水平，增加日营养物质摄入量对分娩肌肉储备营养起贡献作用。因肥胖削弱努责力的母猪，应定期测量背膘，限制饲喂。对长期大量使用脱霉剂减少分娩肌群营养物质储备、加重产程延长的情况，应重新考虑选择脱霉剂。

（3）改善体况　分娩母猪过肥或过瘦都可能会导致产程延长。体况较瘦的母猪在分娩过程中容易发生宫缩无力、产力不足；而体况过肥会导致母猪体内脂肪含量过高，容易引起脂溶性类固醇激素比例失调，进而影响催产素受体活性，分娩时努责减弱，易产生疲劳无力而延长产程。

2. 避免高温热应激

高温热应激时母猪体表血管扩张，血流分布发生改变。大量的血液流向体表，与生产有关的肌群体能贮备减少。为对抗应激，肾上腺皮质激素分泌增加，引起子宫血管收缩加强，到达平滑肌的催产素减少，子宫肌得不到应有的血氧，收缩的频率和强度双双降低。热应激时母猪呼吸困难，血氧浓度下降，供给子宫肌的血氧减少，收缩力量下降。受分娩时高耗能和热应激的双重影响，以及激素调节机制的障碍，分娩时间不但没有缩短反而延长。其次，因钙离子浓度与子宫肌收缩强度密切相关，体内钙离子浓度必须达到一定范围，才能保证子宫收缩自如。分娩时如果钙离子浓度较低，子宫肌收缩功能丧失。热应激时这种现象更为突出，这也是夏季母猪产程比其他季节更长的主要原因。另外，妊娠后期胎儿快速生长，子宫不断扩容、增大，压迫横隔前移，导致胸腔变窄，胸腔压力增大，直接影响肺脏呼吸时的扩张，而发生代偿性呼吸急促。当通风不良、空气污浊时，机体缺氧加剧，呼吸更加困难，极容易出现难产和死胎。此时，再遭遇高温、高湿，母猪生命难保，很快会呼吸衰竭而死亡。即使体外注射催产素作用也不大，因为催产素只能零星地到达子宫，子宫平滑肌不能对药物产生回应。

3. 预防便秘

便秘的母猪会导致子宫肌收缩无力，产程延长。坚硬的粪球对母猪挤压产道产生较大的物理阻力，母猪努责困难，延长分娩时间。另一方面，坚硬粪球中的内毒素被吸收进入血液循环，影响分娩时内分泌调节，从而影响产程。此外，持续性便秘引起的不适和疼痛可能影响分娩时激

素形式，疼痛会增加内源性物质释放，导致母猪体内催产素下降，从而使子宫收缩无力。

4. 避免分娩应激

母猪在分娩过程中，受到分娩应激和剧烈疼痛的应激，呼吸、心跳显著加快。急促的呼吸引起二氧化碳代谢增强，血液中出现大量碱储，导致呼吸性碱中毒。因气体交换能力降低，二氧化碳不能及时排出体外，又引起代谢性酸中毒。二者同时存在称为复合型酸碱内稳失常状态，即代谢性酸中毒合并呼吸性碱中毒，产程明显延长。

5. 遗传因素

后躯肌肉组织发达的现代瘦肉型母猪更容易出现产程长、滞产，第二产程通常需6~8小时，比国内培育品种产程长1~2小时。梅山猪杂交的后代母猪与梅山、欧洲母猪相比具有较短的产程和产仔间隔，这可能是梅山母猪胎盘中的血管分布能控制胎儿的生长，并能防止子宫拥挤使胎儿初生重小，且在分娩时具有收缩性。人为地片面追求体型和瘦肉率，使现代优良基因型母猪的繁殖力得到了显著提升，但承受环境、营养、管理等方面的耐受力明显下降，体质不断减弱，产程显著延长。

6. 胎次

胎次与母猪产程有关，初产母猪因为骨盆狭窄，胎儿不易通过使产程延长。随着母猪胎次增加，产程有明显延长的趋势。从第二胎至第五胎，母猪的产程时间从4.55小时持续增加到8.02小时，其原因可能和高胎龄母猪过肥或老化的子宫肌和腹肌收缩力下降，腹腔容积偏大，在分娩过程中肌肉收缩协调能力减弱有关。

7. 窝产仔数和仔猪初生重

窝产仔数显著影响母猪产程，窝产仔数越少产程越短，但是窝产仔数少可能导致仔猪初生重增加，一定程度上会增加母猪分娩的难度。窝产仔数增多时虽然仔猪初生重降低，出生间隔缩短，但总产程仍然会持续较长时间。为了追求仔猪高初生重，猪场管理者从妊娠85天开始饲喂高能、高蛋白质哺乳母猪料（传统的饲养模式），饲喂量大于或等于3.5~4.0千克/天，个别猪场超过4.5千克/天。这种饲养管理方案一方面会因能量过剩引起母猪体况过肥，子宫周围、皮下、腹膜等脂肪沉积过多，分娩时容易疲劳而延长产仔时间；另一方面会导致胎儿体重过大

（1.8～2.0 千克/头）难产，增加分娩时间。一般而言，胎儿初生重超过 1.8 千克，特别是初生重超过正常体重 50% 的胎儿，分娩阻力至少要增大 45.75%，易造成产道水肿、出血、肌肉损伤，使胎儿不能正常娩出。尤其是第一胎母猪，产仔数相对较少，产道又未经过挤压，最容易因仔猪过大而滞产、难产。建议经产母猪，仔猪初生重最好控制在 1.4～1.6 千克；第一胎母猪仔猪初生重保持在 1.3～1.4 千克。

8. 缩宫素使用不当

母猪生产需要两种产力：一种是子宫节律性收缩，叫阵缩；另一种是腹肌和膈肌的反射性收缩，叫努责。阵缩主要由催产素主导，当仔猪到达骨盆口挤压产道时，下丘脑就会分泌催产素，使子宫平滑肌收缩，母猪自动产生推动力，推动胎儿进入产道，这样母猪就会在一次次的刺激下释放催产素来完成生产。因子宫收缩时，胎儿血流供应受阻，处于短暂性缺氧状态。机体自身产生的宫缩是阵缩，不是持续性收缩（即痉挛性收缩）。阵缩的好处是收缩与舒张交替进行，可以使胎儿能够“缓缓气”。因此，不断有效地刺激子宫平滑肌收缩，每次刺激所释放的催产素都是低剂量的，非常安全。让出生后的仔猪吸吮乳头对母猪进行乳房按摩，同样也可以刺激催产素的释放。故分娩时根本不需要注射缩宫素。若不恰当地注射缩宫素，可能会导致子宫痉挛性收缩，胎儿长时间缺氧，引起窒息死亡。所以，临床上发现，不恰当使用催产素助产时往往会增加死产。努责是机体腹壁肌与分娩相关肌群的收缩，由于母猪长期缺乏运动，大剂量添加抗生素，以及霉菌毒素的蓄积等原因，导致母猪的体质越来越差，努责无力，对产程延长起着推波助澜的作用。

9. 其他因素

（1）疾病因素 当母猪感染乙型脑炎、细小病毒病、伪狂犬病等疾病时，易引起胎死腹中。子宫得不到有效刺激，分娩时往往数小时产出一头由腐烂胎衣包着的死胎或木乃伊胎，有的产程长达 3～4 天，甚至更长。产前感染发烧时食欲下降或厌食，子宫同样收缩无力而延长产程。

（2）妊娠期长短 母猪妊娠期为 110～120 天，平均 114 天。妊娠期越长产程越短，这可能是较长的妊娠期使产道有充足时间为分娩做准备，从而有利于分娩。

（3）药物 产前大量使用氟苯尼考制剂可引起子宫收缩无力。

第五节　降低非正常繁殖的方法

一、常见的非正常繁殖情况

1. 死产

死产是指母猪分娩过程中产出发育完全、具有正常体表特征死亡胎儿的现象，一般泛指分娩前一周左右到分娩过程中出现死亡的胎儿。即死胎发生的时间包括分娩启动前和分娩过程中，也把出生后0.5小时内死亡的仔猪归为死胎。死产多发生在分娩时最后产出的3头仔猪中，6胎次以后母猪死胎率将明显增加。在窝均总产仔数相对稳定时，死胎率则是影响产活仔数的最大因素。猪是多胎动物，产出一定比例的死胎属正常现象，但死胎率应小于10%；当产木乃伊胎的发生率大于1%时应引起高度警惕。

根据胚胎死亡的时期不同，母猪会表现出不同的分娩结果。配种后35天内早期胚胎死亡，会被母体子宫吸收（即隐性流产），不会分娩死胎，只表现出总产仔数减少。妊娠36天之后胎儿死亡，分娩时会产出死胎。根据死亡时间不同又分为已经发生胎溶的木乃伊胎和白色死胎（胎儿死亡时间距离分娩期较近，还未发生胎溶）。妊娠36天后死亡的胚胎，在子宫内膜自我清洗机制下，胚胎组织中的水分和羊水被吸收后逐渐变成棕褐色，像干尸一样，随分娩时排出。木乃伊胎的长短表明胚胎死亡时间的差异，小于8厘米的木乃伊胎死亡时间一般在妊娠50天内，8~13厘米为妊娠50~60天死亡的胎儿，13~17厘米为妊娠60~70天死亡的胎儿。如果产出体长小于25厘米的死胎比率升高，则意味着妊娠中后期子宫存在不利于胎儿发育的环境，如感染、营养不足、过度拥挤、竞争营养和血氧、高温、舍内小环境污秽、便秘、霉菌毒素中毒等。如果产出体长大于27厘米的死胎，表明分娩过程本身是影响死胎最重要的因素，如产程过长。初生重小于0.8千克或大于2千克、母猪体型过大或过小都易导致死胎率增加。妊娠期小于112天分娩的胎儿初生重小，发育不成熟也会增加死胎率；高于117天会增加胎儿在子宫中的危险，分娩时胎儿过大增加死胎率。

2. 活产仔数异常

总产仔数包括木乃伊胎、死胎；完全成形仔猪数包括死胎，但不包括木乃伊胎；活产仔数是指除了木乃伊胎和死胎后所有的活仔数，活产仔数代表母猪繁殖水平，当活产仔数小于10头时，应引起重视；有效产仔数是活产仔数剔除弱仔后的仔猪数。当母猪个体和群体连续3胎次活产仔数低于本品种指标时，应视为活产仔数异常。当窝产仔数小于或等于8头时，称为小窝。受外源良种遗传特性和个体差异的影响，小窝不可避免。小窝指数（又名窝分散率），是指一年当中小于或等于8头的窝数占全部产仔窝数的百分比。窝分散率异常意味着头胎或老龄母猪过多、体况过肥或过瘦、热应激环境下配种、精液品质不良、配种过早或过晚等，单头一惯性小窝（连续两胎）多为个体遗传问题。

3. 返情率异常

返情率指配种21天后又发情的母猪占配种母猪的百分数，当群体返情率大于10%时，应高度重视。返情的主要原因有着床胚胎数小于5个、假发情、配种失误、霉菌毒素中毒、感染繁殖障碍疾病和配种后管理不当等。骨骼钙化开始后胎儿的死亡会分娩木乃伊胎，如果全窝都是木乃伊胎，则可能与伪狂犬病有关，且不会返情。返情前流出像脓一样绿色或黄色恶露，说明子宫或阴道有炎症，应视其情况决定是否淘汰。如果分泌物为难闻的脓性物质，应立即淘汰该母猪。也有个别母猪在配种21天左右出现假发情的现象，但发情症状不明显，持续时间短，虽稍有不安，但食欲不减，不愿意接触公猪，这种情况应予以甄别。

4. 流产率异常

流产是指母猪未到预产期，胎儿或妊娠母体的生理过程发生紊乱，或二者之间的正常关系遭受破坏，妊娠终止，产出无生活能力或死胎的临床现象。妊娠110天产出有生活能力仔猪的现象称为早产。实际生产中将这两种现象统称流产，因为多数早产的临床意义与流产相同。流产的原因有两种：一种是妊娠期母猪感染猪瘟、蓝耳病等传染病；另一种是非传染性因素作用，如霉菌毒素中毒、高温、长期便秘、药物等。流产率的预警值为流产率大于2%。

二、非正常繁殖的预防措施

1）根据本场实际情况建立繁殖常数预警指标。

2）建立翔实、完整、系统的母猪繁殖指标档案。通过对比现代基因型母猪正常繁殖指标，从中找出问题的根源，及时预警，为制定预防

与改进措施提供依据。这既是猪场生产管理的重要手段，也是制订生产计划、管理制度、员工绩效考核、目标提升的主要依据之一。

3）胎次结构。合理的胎龄结构对连续生产、提高繁殖质量很重要。一般8胎龄以上母猪比例应小于4%，特别是7胎以上母猪占15%~20%时，弱仔增多。头胎母猪比例过大则窝分散率上升，产后发情推迟或乏情率增多。

4）为母猪创造适宜的生产、生活环境条件和合理均衡的营养、饲喂管理。优化管理措施，保持舍内清洁卫生、安静，避免应激。强化消毒等生物安全措施，定期驱虫。选择优质的饲料及原料，严禁饲喂发霉变质饲料及原料，确保母猪拥有健康的体质。

5）制定合理免疫程序和保健措施，定期检验检疫，严控传染性疾病的发生和流行。

第三章
加强妊娠母猪饲养管理，向提高繁殖潜能要效益

第一节　妊娠母猪饲养管理误区

一、妊娠期母猪增重管理误区

妊娠母猪增重管理与初生仔猪质量和成活率、哺乳期母猪生产性能，母猪以下胎次繁殖性能及服务年限等密切相关。目前，中小规模猪场第5胎母猪的体重偏小，体重小于270千克的猪场占比高达88%。造成这种问题普遍存在的主要原因是绝大多数管理者忽视了每一胎次母猪增重对母猪终身繁殖性能影响的重要性和必须性。一味地对妊娠母猪采取绝对限饲，使每一胎次母猪妊娠期最低增重难以确保，导致现代基因型母猪的高繁殖性能根本无法发挥。

表3-1总结了母猪连续胎次母体的最低净增重、总增重（包括母体净增重和胎增重）的数据和规律。作为母猪饲养的管理者，这些规律和数据是不可违背的，否则，将给母猪生产带来灾难性的后果。正常情况下，妊娠期母猪体重变化的基本规律是随着妊娠天数、胎次的增加而逐渐增加；1~2胎次的青年母猪总增重和净增重最多，3胎次以后随着胎次的增加母体总增重和净增重逐渐下降。

表3-1　母猪连续胎次最低净增重、总增重

胎次	窝产仔数/头	母体最低净增重/千克	母体总增重/千克
1	10	35	53~58
2	11	35	55~60
3	12	25	47~52

（续）

胎次	窝产仔数/头	母体最低净增重/千克	母体总增重/千克
4	12	20	42 ~ 47
5	12	15	40 ~ 45
6	11	13	35 ~ 38

妊娠期母体增重以前期为主，妊娠100天后，胎儿发育超过母体增重。此时，母猪体增重速度呈下降趋势，1 ~ 2胎次母猪表现更明显。其主要原因是胎猪在妊娠95天以后快速发育，此时母猪摄入的营养物质除维持自身需要外，优先供给胎儿发育，用于自身增重的营养很少。因此，应根据母猪膘情和胎儿数量确定日粮营养浓度和饲喂量，特别是仍处于生长发育的1 ~ 2胎次母猪，避免其繁殖效率下降。除此之外，妊娠母猪体重变化规律还受日粮营养水平的影响。高营养水平饲养下母猪增重与失重表现都明显，即妊娠期增重越多，哺乳期失重也就越多，其净增重就越少。低营养水平饲养条件下妊娠期增重和哺乳期失重均较小，而净增重却较高。

妊娠期间母体增重的内容由两部分组成：一是子宫内容物的增重，包括胎儿、胎膜、胎水，占妊娠期增重的30%；二是母体本身组织，包括骨骼、肌肉、脂肪、子宫、乳腺的增重，占妊娠期增重的70%。

二、攻胎管理误区

1. 攻胎原因

所谓的攻胎是指在母猪妊娠后期通过提高日粮营养水平，增加饲喂量等手段来提高仔猪初生重、活力的饲养管理方法。妊娠期母猪摄入的营养物质优先供给胎儿生长发育，不足时再动用自身营养储备，这会导致产前母猪体重减轻，体储下降。这种现象肉眼很难观察到。如果妊娠期母猪的体增重下降，必然会影响产程、仔猪质量、哺乳期母猪泌乳力、断奶发情配种和以下胎次繁殖效率。

妊娠期胎增重的特点是前期慢，后期快，末期更快。妊娠0 ~ 30天发育重为1.5 ~ 2.0克，31 ~ 90天发育重为550 ~ 600克，91天 ~ 出生发育重为1300 ~ 1500克。其中，胎增重的2/3是在妊娠最后1/4时期内增长的（见图3-1）。胎高、胎长的增长特点是妊娠前、中期较快，后期逐渐放缓。

随着胎龄的增加，胎体化学成分亦不断变化：水分含量逐渐减少，蛋白质、能量和矿物质则逐渐增加。在胎体成分中，约有50%的蛋白质和50%以上的能量、钙、磷是在妊娠期最后1/4时期内增长的。妊娠后期限制母猪营养供应，会增加妊娠晚期胎儿体重的变异程度，因此，对妊娠晚期的母猪来说，当前的传统营养对胎儿生长有负面影响，需要“攻胎”。

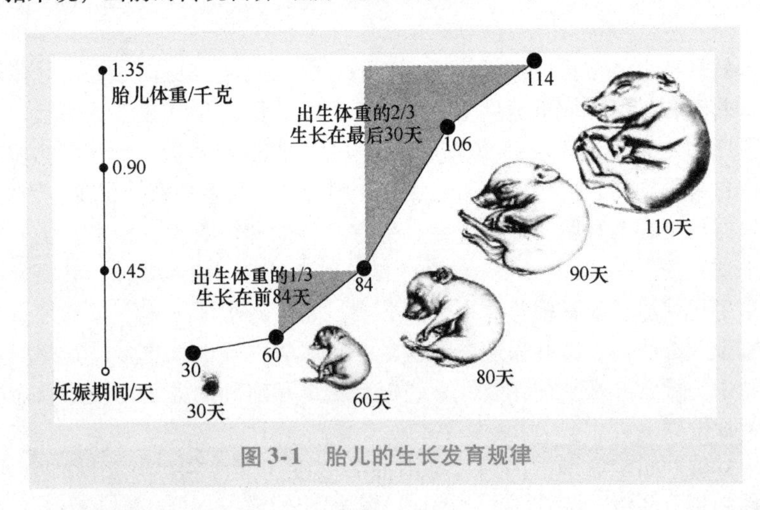

图3-1 胎儿的生长发育规律

2. 攻胎目的误区

妊娠后期的攻胎已成为业界普遍的习惯做法。通过长期大量的实践探索，发现通过攻胎确实提高了仔猪初生重，普遍能达到或超过1.5千克，一胎仔猪初生重1.8~2.2千克，与20世纪90年代1.2千克左右的初生重相比提高了25%以上。奇怪的是那时仔猪初生重虽小，但活力很强，一出生马上就懂得找奶吃、抢奶吃，1~3天腹泻或死亡很少，只要母猪奶水好，生长速度并不慢，而且对环境的适应能力和抗病力都非常好，成活率也高，断奶重也并不比现在低。而攻胎后仔猪的初生重大了，但成活率并没有提高多少，相反新生仔猪出现皮肤苍白，瘫软无力，不会找奶吃且争抢无力，对环境适应能力和抗病力低等生活力下降的现象。实践证明在同样体重下，活力强的个体生长发育快、抗病力强、成活率高。此外，通过攻胎发现母猪的生产成绩并没有明显改善，相反却出现了与攻胎相违背的负面效应，如产程普遍在4~6小时或更长，与过去1~3小时产程相比增加了一倍。而且攻胎引起许多延续问题：延期分

娩、难产、死胎和白仔增多，产后“三联症”多发、高发；哺乳期母猪采食量下降、奶水不足；断奶发情延迟、乏情比例增加，配种分娩率不足 85% 等，这些严重制约母猪繁殖效率。

母猪健康、体况、连续生产能力是养猪业能否持续、健康、高效发展的关键所在。如果攻胎是以牺牲母猪繁殖力为代价换取最大仔猪初生重，而忽略了母猪连续生产性能具有较强的链接效应，就失去了攻胎的目的，这也是目前攻胎存在的最大误区。因此，攻胎的前提条件首先是必须确保“母猪健康、体况、连续性生产能力”，然后再兼顾仔猪的初生重和活力。适当提高仔猪的初生重固然很重要，但仔猪的活力比初生重更重要。

3. 攻胎时间误区

部分管理者为了追求仔猪的初生重，盲目地从妊娠85 天（更有甚者从妊娠80 天）开始攻胎。这不仅会引起母猪肥胖，还可能因仔猪初生重过大而延长产程、难产、滞产，使弱仔、死胎增加，同时，还会抑制母猪乳腺细胞发育，降低哺乳期母猪采食量，对哺乳期泌乳极其不利。正确的攻胎时间是结合本场母猪体况、怀胎数、仔猪目标初生重、基础设施条件、管理水平、人员素质等综合因素系统考虑，制定出适合本场实际情况的攻胎方案，切莫照抄照搬。攻胎时，既要避开母猪乳腺发育期，又要防止母猪肥胖；既不能过早，又不能过晚，更不能随意攻胎。大量实践证明，经产母猪在妊娠 95 天开始攻胎是比较合理的，最晚不能超过 107 天。一胎母猪由于骨盆、产道狭窄，攻胎时间要晚，一般选在妊娠 95 日龄以后。对背膘小于 18 毫米的母猪，在避开乳腺发育期后可适当提高营养和增加饲喂量，提前攻胎；背膘在 18 ~20 毫米的母猪，不能过早和过度攻胎，可推迟到妊娠 100 天后；对背膘大于 20 毫米的母猪可在 107 天上产床后攻胎，饲喂量可增加少许，但不能不攻胎。

4. 攻胎期营养与饲喂管理误区

目前，因哺乳母猪料含有丰富的能量和粗蛋白质，能最大限度地满足哺乳期母猪泌乳的需要被广泛用于攻胎，但其氨基酸、维生素、微量元素和矿物质含量相对较低，无法满足妊娠后期母仔猪的营养需要，且粗纤维含量低，母猪易形成便秘。哺乳母猪料以日进食营养物质总量为原则设计，而妊娠母猪攻胎时日采食量仅为哺乳期母猪的一半，甚至更少，能量和粗蛋白质远超过母猪需求，很容易导致胎儿初生重过大，且用于提高仔猪活力和母源免疫力的氨基酸、维生素、微量元素、矿物质等营养明显不足。况且此时，母猪并不是泌乳期，使用哺乳母猪饲料攻胎，只能使母猪出现营养不平衡、代谢失调，加剧母猪代谢压力，导致母猪肥胖，产程延长、难产、死产，胎儿活力下降，初乳质量差，奶水不足等问题。因此，使用哺乳母猪料攻胎有严重缺陷，会产生新的矛盾和问题。

攻胎时饲喂量应根据母猪体型大小、体重、胎龄、季节、膘情来确定，每15天及时调整一次，并提供个性化解决方案。体型大的品种基础代谢消耗较多，体况偏瘦、胎龄高和寒冷天气时可适当增加喂量。肚子比较大、腹部比较深的母猪，其胎儿数比较多，应适当增加饲喂量，建议在3千克/天基础饲喂量上再提高10%以上，作为攻胎期的基础饲喂量。全价颗粒料饲喂量小于或等于4千克/天，预混合饲料小于或等于3.5千克/天。

【提示】

传统攻胎时间从妊娠80天或85天开始是不科学、不可取的。攻胎时应使用专用攻胎料或妊娠后期母猪饲料。一胎母猪应继续饲喂后备母猪料，不加量或少加量。

三、妊娠期生理阶段划分混乱

妊娠期管理阶段划分主要是依据母猪的孕期生理规律与仔猪的生长发育规律，以实施精准营养、精确饲喂和科学管理，从而实现提高母猪繁殖力为目标。目前，实际生产过程中妊娠期生理阶段的划分五花八门，不同猪场划分阶段不同，管理方案各异，生产中各行其是，严重影响母猪繁殖潜能和效率的发挥，不利于管理。按“配种~30天、31~80天、80天~分娩”或“配种~30天、31~85天、85~107天、107天~分娩”的阶段划分，都无法满足妊娠母猪和胎儿的营养和管理需要。根据妊娠母体和胎儿的生理规律，综合考虑妊娠母猪不同年龄、胎次、生理阶段、环境条件下对营养、饲喂策略、饲养管理的需求，本书将母猪妊娠期饲养管理划分为5个阶段：妊娠早期0~30天、妊娠中前期31~75天、妊娠中后期76~95天、妊娠末期96~107天、围产期（分娩前7天到分娩后7天）。

四、围产期营养管理误区

因围产期的营养和护理对母猪繁殖力和母仔猪健康影响最直接，越来越多的人认识到围产期饲养管理的重要性。由于围产期母猪生理、心理、环境都发生了剧烈的变化，故传统的营养和护理不但没有起到应有的效果，反而对母仔猪造成了不小的伤害。

1. 围产期母猪的生理特点对繁殖性能的影响

围产期受胎儿快速生长挤压肠道的影响，以及产前雌激素、孕激素分泌的变化，胃肠蠕动减缓、消化功能下降，极易引起便秘。便秘可导致仔猪初生重变轻、活力下降、均匀度变差、活产仔数减少和弱仔率上升，还可致使产程延长、产后恢复慢、自净功能差。此外，母猪内脏器官压力增加，自身代谢提速，出现代谢紊乱，如代谢酮血症、酸碱失衡和氧化应激。受分娩应激和激素变化的影响，母猪生理、心理发生巨变，再加上分娩后内脏位置变化和分娩时产道损伤，使产后消化功能减弱、采食量不足、便秘，增加炎症感染概率，不利于产后恢复。

2. 围产期营养与护理误区

为减少难产，缩短产程，促进产后恶露排出，绝大多数猪场大剂量肌内注射外源激素缩宫素，这显著干扰了母猪的内分泌和代谢，加剧分娩应激、产死胎和无初乳。大多数猪场为了减少炎症的发生，投喂大量抗生素进行所谓的“预防保健”，这不仅杀灭母猪肠道有益菌，造成肠道菌群失衡，且降低母猪免疫力，增加肝肾损伤，产生耐药性，进而增加母猪炎症治疗难度。若日粮纤维水平较低，在饲喂量大于 4 千克，但饲喂次数没有增加，饮水量又不足等因素作用下，最终围产期母猪极易便秘，而致产生产程长、难产、产后炎症、产后采食量不足和无乳或少乳等围产期综合征，对分娩、哺育性能和繁殖性能产生极为不利的影响。针对围产期母猪的生理特点和营养需求，产前一周必须饲喂围产期专用营养料或后期妊娠料，产后饲喂哺乳母猪饲料，并强化抗应激营养、免疫营养、仔猪活力营养素等，让母仔猪顺利度过围产期。

五、产前减料误区

大多数管理者担心产后母猪奶水浓稠患乳腺炎、便秘、仔猪初生重太大而难产的发生，在产前 107 天开始减料。其实母猪奶水的稀稠并不是由采食量决定的，多吃奶水稠和少吃奶水稀是没有科学依据的。提前减料不但会导致母猪营养不良，体储不足，还会造成胎儿发育不良，活力和均匀度变差，母猪难产比例增加。临产时母猪一般不再采食，从有临产征兆到开始产仔，往往需要几个小时的时间间隔。如果提前减料会消耗母猪体能，体储下降，反而会影响分娩过程和产生哺乳期失重的现象发生。产前是否减料应视膘情和怀胎数决定。

第二节 提高妊娠期母猪繁殖潜能的主要途径

一、提高窝产仔数的营养调控措施

窝产仔数是反映母猪产能的重要指标，对提升母猪产能有决定性作用。分娩时完全成形仔猪数受排卵数、受精率、胚胎死亡率、子宫容积等因素的综合影响。尽管窝产仔数性状受遗传因素影响较大，但仍可以通过对上述影响因素的营养调控提高窝产仔数。

1. 提高母猪排卵数的营养调控措施

目前，已被业界公认的提高排卵数的营养调控技术是青年母猪配种前10~14天的短期优饲和经产母猪断奶至配种期间的催情补饲。这两种技术增加排卵数分别为1~2枚和2~3枚。尤其是哺乳期失重较多的母猪，可以显著增加排卵率。断奶后饲喂高能量、高蛋白质和高纤维含量日粮，可帮助母猪尽快提高采食量，消除肠道分泌激素的影响，比单独饲喂高能量、高蛋白质日粮，母猪繁殖力更高，特别是能显著提高排卵数。其中，维生素对排卵数和卵子质量影响较大，如维生素E能增强卵巢机能，缺乏时卵巢机能下降，性周期异常，卵子不能受精；补充β-胡萝卜素能矫正母猪安静发情和排卵延迟。

【小经验】

断奶饲粮中添加碳水化合物（特别是葡萄糖）、3%~5%优质鱼粉和2%~3%的油脂，每天再补饲1~2枚鸡蛋或鸭蛋，可显著提高排卵数和卵子质量。

2. 提高受精率的营养调控措施

在断奶母猪日粮中添加葡萄糖可提高卵母细胞的受精率，增加受精卵的数量，从而提高产仔数；维生素A缺乏时母猪受胎率下降，影

响青年母猪卵巢发育；日粮中添加有机酸可以提高母猪的受胎率和产仔数等。

3. 提高胚胎存活率的营养调控措施

妊娠早期限制日粮能量水平和采食量可以提高胚胎的存活率，但这种限制容易引起母猪饥饿，并出现无明显功能的、固定的、重复不变的规癖行为，影响受精卵的分裂、存活和胚胎着床。提高日粮纤维水平，对增加母猪的饱感，降低规癖行为，提高胚胎的存活率十分有利。妊娠105天时增加铁的水平或改善铁的吸收利用率（如添加氨基酸螯合铁）对促进胎儿红细胞生成和胎儿的营养利用起积极作用。锌具有改善胎儿宫内生长、胎儿活力、降低死胎率的作用；当死胎率较高时，另外加硒也可以减少死胎的发生。

妊娠母猪日粮添加叶酸可提高胚胎成活率，从而增加窝产仔数。给妊娠第一周的母猪日粮中补充叶酸15毫克/千克，以后补充10毫克/千克直至分娩，可最大限度地提高母猪窝产仔数和窝产活仔数。因为补充叶酸可以提高子宫分泌活性，促进胚胎发育，从而提高胚胎存活率。维生素A参与母猪卵巢发育、卵泡成熟、黄体形成、输卵管上皮细胞功能的完善和胚胎发育等过程，提高妊娠母猪维生素A水平，可以减少胚胎死亡率，有利于提高窝产仔数和断奶仔猪数。

精氨酸能增加蛋白质、一氧化氮和多胺的合成，一氧化氮和多胺参与妊娠血管生成、胎盘血管化及胚胎形成的关键过程。给妊娠30天母猪日粮中添加L-精氨酸盐酸盐，可使活产仔数提高22%，窝活仔重提高24%，仔猪死亡率降低65%，但并未增加初生重，平均初生重也未降低，同时，还可增加足月分娩的产仔数，对预防早期流产具有重要意义。

4. 增加子宫容量的营养调控措施

当母猪的排卵数去除受精失败和胚胎死亡数后，受精卵数仍超过子宫容量时，子宫容量就成为影响窝产仔数的主要限制因素。子宫容量主要取决于遗传因素，如中国梅山猪具有较大的子宫容量，而欧美种猪子宫容量相对较小。补充生物素可改善子宫因素、胎盘因素或胎儿因素，能促进妊娠期子宫扩张和胎盘形成，使母猪子宫角的长度增加20%。除此之外，子宫容量还取决于子宫、胎盘和胎儿相互作用。

5. 减少死产的营养调控措施

增加妊娠期日粮纤维水平，有利于减缓便秘，促进分娩，从而减少死产。为保证母猪分娩时宫缩力，给围产期母猪日粮中添加中链脂肪可以起到快速补充能量的作用，有益于缩短产程，顺利分娩，减少死产。钙是母猪分娩前后子宫肌肉收缩所必需的养分，钙的缺乏将会阻止催产素的释放，使母猪肌肉收缩乏力，分娩过程延长或难产，仔猪活力下降，死产、弱仔增加。

二、提高窝均匀度的营养调控措施

窝均匀度即窝仔猪离散度大小，与出生后成活率密切相关。在初生重变异较大的窝中，体重较轻的仔猪与窝内体重较大的同伴在竞争乳头的过程中处于弱势，导致免疫力低下，生长缓慢，断奶体重轻，维持体温的能力差，疾病易感性和死亡率增加。初生重偏大容易引起难产，损伤母猪，增加淘汰率。改善窝内离散度，有利于改善以上指标。

1. 引起仔猪初生重窝内变异的因素

妊娠期内提供给每个胎儿营养量的差异是导致窝内初生重变异的主要原因。任何影响胎盘生长发育或母体向胎儿转运营养能力的因素（如品种、胎盘效率、子宫-胎盘血流量、子宫容量、子宫内膜血管浓度、胎儿数量、胎儿在子宫的位置、妊娠母猪日粮水平等）都会导致胎儿生长受阻，加剧窝离散度。仔猪初生重差异主要发生在妊娠45天以后，营养供给不足是导致窝仔猪初生重变异的主因。随着妊娠期延长，胎儿营养需求逐渐增加，如果母猪不能为所有胎儿提供统一足够的营养，会导致部分或全部胎儿生长受阻，最终窝内离散度变异加大、仔猪初生重降低。如母猪贫血、便秘时，子宫-胎盘血液循环障碍，胎儿营养和血氧供给不足加剧，胎儿之间竞争有限的营养和血氧，初生重会变轻，窝均匀度变异系数提高。尽管仔猪初生重变异与产仔数本身存在较大的相关性，但合理的营养和饲喂策略，是可以减少这种变异程度的。

2. 改善仔猪窝均匀度的营养调控措施

（1）增加排卵期之前的营养 排卵期之前，卵子的发育和成熟是影响胚胎发育一致性的关键因素。排卵期前日粮组成与妊娠后胚胎发育和存活率密切相关，影响窝内胚胎多样性（是否与排卵卵泡发育的差异相关联有待研究）。排卵前营养对卵泡和卵母细胞的作用通常与营养对循环中激素浓度影响有关，特别是胰岛素和生长因子-1（IGF-1）的浓度。胰岛素和生长因子-1（IGF-1）对卵泡发育有刺激作用。在黄体晚期或卵泡早期，不论血浆黄体生成素浓度如何改变，增加血浆胰岛素会增加排卵率，这可能与胰岛素能够降低小型和中型卵泡的闭锁有关。高水平的黄体生成素浓度刺激较大卵泡的发育，因为小卵泡只有卵泡刺激素受体而没有黄体生成素受体，这样小卵泡受到的刺激较小而闭锁，从而使卵泡群变得更加一致，卵母细胞的质量也高度一致，窝离散度较小。给断奶母猪饲喂添加葡萄糖，会显著降低初生重变异度。

（2）妊娠后期的优饲 妊娠后期摄食低能量水平日粮的母猪所产仔猪个体重和窝重显著低于饲喂高能量水平日粮的母猪。妊娠后期日粮蛋白质水平对母体和胎儿生长发育起到关键作用。妊娠后期限制营养水平会抑制胎盘细胞增殖和血管生成，从而降低母体向胎儿转运营养及血氧的能力，对窝内初生重、均匀度产生不利影响。与成熟母猪相比，限饲时未成熟母猪所产仔猪的初生重会更低，因为未成熟母猪会与其胎儿竞争营养。

（3）补充精氨酸、谷氨酰胺 精氨酸在胎盘血管生成、胎盘、胚胎和胎儿发育方面起到非常重要的作用，与谷氨酰胺、亮氨酸和脯氨酸结合可以减少仔猪初生重的变异。在妊娠30~114天母猪日粮中添加8克L-精氨酸和12克L-谷氨酰胺，仔猪初生重差异显著降低，所有仔猪中体重较轻仔猪的比例下降。妊娠90~114天母猪日粮添加1%谷氨酰胺显著提高平均初生重和活仔窝重，减少宫内发育迟缓仔猪的数量，仔猪体重的差异和断奶前活产仔猪的死亡率均降低。

（4）提高日粮纤维素水平 集约化饲养模式和全价颗粒料饲喂方式，纤维素普遍偏低。较低的纤维素水平会带来更多的便秘，导致仔猪初生重变轻、窝均匀度变差。增加日粮纤维素水平，有利于缓解便秘，促进胎盘血流速度和血流分配均匀性，对于维持血糖浓度一致性，保证胎儿营养的均衡供给，减少弱仔，提高初生仔猪均匀度非常重要。在妊娠母猪日粮中添加益生纤维，可显著提高仔猪初生重、均匀度，并降低1千克以下仔猪比例。妊娠母猪每日摄入46克以上可溶性纤维，且超过一个繁殖周期，可以改善产仔数。建议妊娠期母猪日粮粗纤维素水平为6%~8%，自由采食时为12%~15%；2012年饲养标准中推荐可发酵纤维为9%。

三、加强妊娠期营养管理

妊娠母猪营养需要量受上一胎次繁殖体况影响，同时也影响着下一胎次的繁殖性能。因受链接效应的影响，每一胎次母猪的营养需要必须综合考虑其整个繁殖周期繁殖性能对营养的最佳需要，特别是上下关联的胎次，而不是某一个孤立的妊娠期。

1. 供给合理而充足的营养

（1）能量需要 妊娠母猪所需的能量包括自身代谢能量、胎儿和附属物增重能量、背膘调整所需能量。妊娠阶段不同，其能量需要也不同。如果配种后 72 小时内摄入能量维持高能量水平，那么就会降低胚胎成活率；增加妊娠 75～95 天日粮能量水平，会损害乳腺分泌组织发育。妊娠后期胎儿加速生长发育需要大量能量，摄入能量不足时，母猪动用自身储备脂肪，降解后补给胎儿，母猪体储减少、体重下降。为了防止妊娠后期体脂的损失，维持背膘，从妊娠第 90 天至分娩的能量摄入量应不低于 39.8 兆焦/天。在日粮中添加脂肪可改善仔猪能量的营养状况，提高仔猪出生时、出生后 6 小时和 24 小时的葡萄糖浓度，特别有利于提高初生重小于 1 千克仔猪的成活率，同时还能增加母猪能量储备，有利于分娩，缩短产程。

（2）蛋白质需要 整个妊娠期蛋白质需要量随妊娠期延长而逐渐增加，且氮的沉积随日粮蛋白质水平的增加而增加到一个稳定的水平。妊娠期母猪具有足够多体储蛋白质是维持最大泌乳量的原因，并不是高蛋白质促进了乳腺发育，而是因为妊娠期饲喂高蛋白质日粮增加了分娩时体蛋白质储备，从而在泌乳期被动用于维持高泌乳量。妊娠期饲喂 16%蛋白质水平的日粮并同时增加采食量可提高初产母猪仔猪初生重和断奶重，但对经产母猪的产仔性能影响不大。二胎及以上经产母猪只需要 12%～13%的粗蛋白质日粮。妊娠后期摄入低蛋白质水平时，母猪会动用体蛋白质来维持胎儿的生长，初生重、窝产仔数通常不受影响，但对仔猪出生后的增重会产生影响。体蛋白质的动用会加剧母猪在泌乳期的分解代谢，断奶后延迟发情，这对一胎母猪影响最严重。妊娠母猪蛋白质营养主要是保证母体有足够的体蛋白质沉积，以改善泌乳性能和繁殖性能。

（3）氨基酸需要 在不同妊娠生理阶段母猪氨基酸需要变化非常大，妊娠最后 45 天时，胎儿重量、胎儿蛋白质含量和乳腺蛋白质的含量分别增加 5 倍、18 倍和 27 倍。胎儿重量和蛋白质需要的大幅增加，表明妊娠后期氨基酸需求远远高于前期。二胎次及以上母猪妊娠1～85天和85～115天回肠可消化氨基酸的摄入量为9.4克/天和14.6克/天。

（4）微量元素需要 母猪生理变化、繁殖性能的发挥、骨骼代谢和胎儿发育都与微量元素密不可分。微量元素改善卵母细胞质量和早期胚胎发育的途径。铬元素影响卵泡刺激素和黄体生成素合成。硒、铬、铁元素影响胚胎期血管内壁生长因子的表达而影响供血量，进而影响胚胎血管化发展。锌促进卵泡长成，并能够改善胚胎质量。硒通过抗氧化减少细胞衰亡，有利于早期胚胎的发育。微量元素则可通过活性氧清除自由基，从而提高卵母细胞的存活率和质量。

（5）维生素需要 提高妊娠母猪维生素A的水平，可使胚胎死亡率降低，窝产仔数和断奶仔猪数提高。日粮中添加维生素E，可以提高母猪产仔数，改善机体免疫机能，预防产后三联症（MMA）。同时，增加初乳中α-生育酚的含量，可提高仔猪的生长性能和成活率。增加日粮生物素可以缩短断奶至发情间隔天数，改善肢蹄健康，增大子宫空间。胚胎早期添加叶酸可提高胚胎和胎儿的成活率，从而提高窝产仔数。β-胡萝卜素与黄体素合成有关，黄体素不足，将导致妊娠终止。在母猪配种后4～7天，每天饲喂100毫克核黄素可显著提高活胚胎数、胚胎存活率、产仔率和窝产活仔数。妊娠母猪日粮中添加100毫克/千克维生素K_3，可使产仔数提高5.66%。

【提示】

2012年饲养标准第11版中建议妊娠母猪日粮营养水平为：代谢能大于12.54兆焦/千克，粗蛋白质大于或等于14%，赖氨酸大于或等于0.6%，钙0.9%，磷0.8%。

2. 合理的饲喂制度

（1）妊娠早期 妊娠早期指配种至30天阶段，是卵子受精、分裂、着床的关键期。饲喂原则是创造子宫良好的内环境，确保受精卵顺利着床，维持最大胚胎存活率。妊娠早期较高采食量或能量水平会导致血浆黄体酮水平下降，从而降低胚胎存活率，窝产仔数减少（见表3-2）。最低饲喂量可提高胚胎存活率已被大家普遍认可和接受，但并不是饲喂量越低，产仔数就越高。由于妊娠早、中期胚胎营养需要可以忽略不计，此时饲喂低营养水平日粮对仔猪初生重、窝产仔数不产生影响。满足母猪维持生命活动的最低需要（约为体重的1%，也有研究推荐妊娠0~21天的饲喂水平为维持需要的1.5倍以下）即可，其饲喂量多少应根据母猪的膘情确定。对配种后偏瘦的母猪，妊娠早期饲喂3.5千克/天，则会提高胚胎的存活率。对配种时膘情较差的母猪，补饲复膘的时间可安排在妊娠一个月后进行。为防止母猪妊娠后由于限饲而饥饿，发生爬圈、骚动不安等应激，减少受精卵着床的情况，建议日粮中应添加“膳食纤维”，以增加饱食感，提高胚胎存活率。

表3-2 妊娠早期饲喂水平对激素水平和胚胎成活率的影响

饲喂水平/千克		排卵数/个	总胚胎数/个	胚胎成活率(%)	黄体酮水平/(ng/mL)
1~3天	4~15天				
1.9	1.9	14.5	12.4	85.9	10.5
2.5	1.9	14.9	11.5	77.3	3.7
2.6	2.6	14.9	10.2	66.9	4.5

正常情况下妊娠1~3天的1~2胎次母猪，饲喂量为1.8千克/(天·头)，其他胎次饲喂量为1.5千克/(天·头)；妊娠4~7天的1~2胎次母猪，饲喂量为2.0千克/(天·头)，其他胎次饲喂量为1.8千克/(天·头)；妊娠8~30天的饲喂量应根据配种后母猪的膘情来确定，范围是1.8~2.2千克/(天·头)。饲喂妊娠母猪前期料，严禁饲喂量超过2.2千克/(天·头)和低于1.5千克/(天·头)。

(2) 妊娠中前期 妊娠中前期指妊娠31~75天，是胚胎组织器官快速分化形成期，也是弥补上一个泌乳期体重损失，调整体况的关键期。调整该期母猪体况，可维持母猪最佳繁殖性能，使母猪产能多2头、繁殖寿命多一个产次，更是配种体况较差母猪的最佳背膘调整时机。该阶段母猪饲喂量与背膘、体重密切相关（见表3-3）。若哺乳期失重过多，可适当提高饲喂量，但不能超过2.5千克/(天·头)的上限饲喂量，否则会降低哺乳期母猪采食量。由于妊娠母猪代谢率高，脂肪沉积能力强，可增加日粮中粗纤维水平供给，既防止肥胖，又能增加母猪饱腹感、扩大胃肠容积、减少便秘，为提高泌乳期母猪采食量创造机会。

表 3-3 妊娠中前期采食量与背膘的关系

体重/千克	背膘 11~12 毫米的饲喂量/千克	背膘 13~14 毫米的饲喂量/千克	背膘 15~16 毫米的饲喂量/千克	背膘 17~18 毫米的饲喂量/千克
115~150	2.3	2.2	2.1	1.9
150~175	2.4	2.3	2.2	2.1
175~200	2.6	2.5	2.4	2.3
200~250	2.8	2.7	2.6	2.4

（3）妊娠中后期　妊娠中后期指妊娠 76~95 天，是乳腺快速发育的关键期，决定乳腺发育的好坏。高能日粮和较高采食量不利于乳腺发育，进而影响母猪的哺育能力、仔猪生长发育、健康状况和母猪产能。因此，该期应避免饲喂高能日粮，且饲喂量与妊娠 31~75 天相比应有所下降，建议饲喂妊娠中期母猪料 2.0~2.2 千克/(天·头)。

（4）妊娠末期　妊娠末期指妊娠 96~107 天。妊娠末期胎儿增重呈指数级加速，约 70% 的增重发生在此阶段。饲养目标是确保母猪正常的分娩体况，支持胎儿快速生长发育和理想的初生体重与活力，为分娩和泌乳储备充足营养。母猪良好的体储对维持胎儿快速生长发育、缩短产程、减少便秘非常重要，但过多地提高采食量，会增加便秘和难产的概率，降低哺乳期间采食量，抑制黄体化激素的分泌，延长断奶间隔。而过低的饲喂量，母猪提前失重，同样影响仔猪的出生质量和母猪繁殖性能。为避免母体组织提前消耗、增加体储，根据母猪体况从妊娠 95 天（或体况偏瘦的母猪从妊娠 90 天）起日粮蛋白质提高 1%、能量水平增加 836.8 千焦，饲喂妊娠母猪后期饲料或专用攻胎饲料 3.0~3.5 千克/(天·头)，或从妊娠 100 天起增加至 3.5~4.0 千克/(天·头)，同时增加饲喂次数。关于增加妊娠后期母猪饲喂量和提高日粮营养水平的起始时间，原则上不早于妊娠 95 日龄和不晚于 107 日龄。根据母猪体重、背膘、怀仔数和仔猪出生时目标体重为原则确定饲喂量。

（5）围产期　围产期包括产前 7 天和产后 7 天。围产期胎儿发育已经成熟，但仍处于快速发育期；母猪消化功能减弱；过多的饲喂会减少哺乳期采食量。饲喂水平为 3.0~3.5 千克/(天·头)。如果在妊娠最后 5~6 天每天饲喂不足 3 千克，母猪背膘厚将减少 1.5~2.0 毫米。一胎母猪产前2天不建议减少饲喂量，二胎母猪尽量少减，经产母猪应根据膘情决定是否减少饲喂量。若需要减料，在产前2天开始每天可减少0.5千克；分娩当天不喂饲料或饲喂红糖麸皮粥1千克；产后第一天起，在1.5~2.0千克基础上每天增加饲喂量0.5千克，至产后第7天。

妊娠母猪各生理阶段参考饲喂量和饲喂制度如图3-2所示。

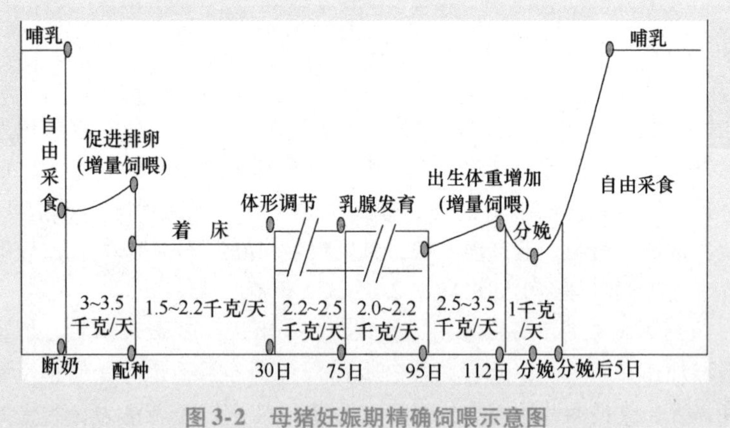

图3-2 母猪妊娠期精确饲喂示意图

【小经验】

妊娠期母猪根据目标背膘确定饲喂量计算实例。例如：妊娠30~60天母猪背膘需增加1毫米，日粮能量代谢能12.552兆焦，则妊娠母猪每天需要增加多少饲喂量？

计算：根据饲养标准，母猪背膘厚每增加1毫米，其体重增加约5千克，每增加1千克体重约耗能量20.92兆焦，胎儿及其妊娠产物每增加1千克需耗能约4.6兆焦。

① 背膘增加1毫米需要代谢能约为104.6兆焦

② 母猪每天需要代谢能为：104.6兆焦÷30天=3.49兆焦

③ 每天需要增加的饲喂量为：3.49兆焦÷12.44兆焦/千克=0.28千克

四、提供适宜的生产生活条件

为妊娠母猪创造适宜的生产、生活环境条件，以达到安胎、保胎目的。保持安静和舒适的环境条件，避免各种应激，促进胚胎着床、正常发育、防止流产。母猪最后一次配种一旦结束，立即赶到限位栏内饲养，避免配种后 30 天内驱赶母猪或混群。配种 4 周后确认已经怀孕，按大小、强弱、体况、配种时间等进行合理分群，每圈 4 ~6 头为宜，防止相互挤压、咬架，造成死胎、流产。

维持舍内环境温度为 15 ~20℃。保持舍内卫生良好，每周消毒 1 ~2 次。加强通风换气，保持舍内空气质量良好，氨气含量不超过 25 毫克/米^3，硫化氢含量不超过 10 毫克/米^3，二氧化碳的含量不超过 1500 毫克/米^3。增加光照时间至 12 ~ 17 小时，光照强度为 60 ~ 100 勒克斯，可增加产仔数，提高初生窝重及断奶窝重。做好早期妊娠检查，防止空怀、流产，做好返情、流产、空怀母猪的复配工作，把损失降到最低。妊娠早期禁止饲喂化学药物、驱虫、免疫和饲喂发霉变质的饲料。供给清洁、新鲜、充足饮用水，保持水温 18 ~20℃，严禁饮用冰水。每天认真观察猪群，发现问题及时处理。妊娠中后期经常检查母猪膘情，及时调整体况。做好分娩前后的准备工作，确保顺利分娩、母仔平安。预防便秘，定期驱虫，科学免疫，做好每周的健康检查工作。

第四章

提高母猪哺育能力，向仔猪的“饭碗”要效益

提高母猪繁殖效率，不仅要生得多，更重要的是必须养得活、育得壮。母猪哺育能力是制约仔猪健康生长和成活率的关键因素，影响母猪哺育能力的关键因素是乳腺（即仔猪的“饭碗”）的质量和营养。当母猪乳腺质量不佳，母猪无乳、少乳时，直接导致仔猪生长性能和对抗疾病的能力下降，健仔数减少，弱仔数增加，仔猪发病率、死亡率上升。换句话说，母、仔一荣俱荣，一损俱损，这也正是母仔一体化的本质所在。因此，仔猪吃饭的“饭碗（乳腺）”不能有半点马虎，提高仔猪“饭碗”质量，将成为提高母猪繁殖效率的重要途径。

第一节　乳腺常见问题

一、乳腺质量不合格

1. 乳腺数量、分布、排列不合理

母猪乳腺位于胸廓与腹股沟之间，外观呈倒置的碗状，突起于腹壁，在腹壁中线两侧平行排列，一般为6~8对不等，个别可见9对以上，例如我国太湖猪可见10对乳腺，梅山猪最高达11对。乳腺分布通常是胸腔1~3对，腹腔4~5对，腹股沟1对。乳头数与遗传有关，且有显著的品种间差异。乳腺常见的问题，一是乳腺数量低于6对，通常是从前往后数缺少第2对或第6对；二是母猪脐眼较大，部分腹部乳头与腹股沟乳头偏离腹正中线较远。虽然这些母猪的乳腺有泌乳功能，但有效性会降低，甚至无效。因母猪躺卧哺乳时，其下面的乳头极难暴露，导致仔猪无法衔吮乳头。良好的母猪腹底线，乳头明显，乳头长1.0~1.5厘米，相邻乳头间距10~15厘米，两排乳头相距20~25厘米，仔猪容易

哺乳。不良母猪腹底线，第 2 对乳头明显凹陷，且前端的乳头不明显，第 2 ~ 3 对乳头距离不佳。

2. 乳头形态结构不合理

乳头的形态影响乳腺功能，常见乳头形态有：细长型，为发育最优秀的乳房；圆润型，乳头发育很好，乳房发育不理想；看不到括约肌的乳头，泌乳一般；管道过短且括约肌反向，为发育不好的乳头；没有发育的乳头，又称瞎乳头，不具备泌乳功能（见彩图 9）。

常见无效乳头有小乳头，附属乳头和瞎乳头。小乳头比正常乳头小而短，仅突出腹部皮肤一小点，且发育不全，通常位于第 3 对与第 4 对或第 4 对与第 5 对正常配对的有效乳头之间，偶尔也位于其他对之间（见彩图 10）。母猪泌乳时，小乳头也有分泌功能，有乳汁流出，但仔猪衔吮时困难，乳汁流量小，通常认定为无效乳头。附属乳头是乳腺发育的遗迹，该乳头不与乳腺相连，发育不全，无分泌功能，属无效乳头。附属乳头多出现在母猪臀部内侧的后方大腿之间，母猪站立时，在外阴下面可见，成对分布（见彩图 11），有此类乳头的母猪严禁留种。瞎乳头即翻转乳头，看不到乳头括约肌，约 50% 的瞎乳头没有与乳腺相通，属无效乳头。

二、乳头外伤

乳头常见外伤形成的原因有以下几种情况。

1）仔猪出生时未剪牙或剪牙方式不正确，残留尖锐的牙刺，哺乳时咬伤乳头；或仔猪争抢乳头时尖锐的犬牙咬伤乳头。

2）产床地板缝隙的夹伤。母猪乳头平均直径为 10 ~ 12 毫米，若产床地板缝隙为 10 ~ 12 毫米，当母猪躺卧时乳头很容易掉进地板缝隙中，造成乳腺血液循环障碍，乳头形成下大上小的情况。当母猪站立时很容易被拉伤、扯断或遇粗糙地板时撕裂乳头的现象。若地板缝隙小于 10 毫米，虽然乳头不易掉入缝隙中，但不容易清粪，易污染乳腺；当地板缝隙大于 12 毫米时，母猪乳头掉入缝隙时不会导致拉伤撕裂，但容易卡住仔猪的脚。基于上述情况，为防止乳头损伤，地板缝隙的设计应根据母猪乳头的大小来确定。要求缝的上缘圆润，缝隙宽度小于 10 毫米或大于 12 毫米。目前，国内市售产床漏缝地板没有统一标准，多为铸铁、水泥地板，目前已有较多的猪场开始使用复合材料地板，也有个别猪场使用

钢编网地板。

3）T-2 毒素中毒时，也可引起母猪乳头皮肤、乳腺坏死溃疡；麦角毒素中毒时能引起肢体末梢循环障碍，导致乳腺乳头缺血性坏死或坏死性乳腺炎；严重的霉菌毒素中毒会引起母猪乳头干性坏死。

三、乳腺发育不良

发育正常的乳腺外观呈淡粉红色，乳头基部呈鲜红色；乳房饱满红润，站立时呈漏斗状，躺卧时有凹凸感，用手触摸乳房坚实（见彩图 12）。但实际生产中，经常见到乳腺因受到营养、激素或管理等因素影响，发育不良或几乎停滞发育的现象。临产前乳腺大小与妊娠初期差别不大，外观扁平很小，没有倒置的杯状，几乎看不到膨大的乳房（见彩图 13），分娩后乳腺泌乳功能很弱，基本无乳或少乳。常见的乳腺发育不良还有获得性乳腺萎缩。常因一产母猪窝产仔数不足 8 头，低于有效乳头数，部分乳腺没有被仔猪按摩、吸吮过而停滞发育。如果连续两胎次该乳腺没有被充分吸吮刺激，基本萎缩。

四、乳腺水肿

临床发现，临产前 10～15 天可见第 7～8 对乳腺明显肿大，俗称涨乳（见彩图 14），即乳腺水肿。且分娩前 1～3 天能挤出或自排出淡白色液体，即水肿液。临床上 95% 母猪乳腺水肿呈隐性表现，分娩前后看不到发育膨大的乳房，看到的是没有发育的乳房。这很容易被生产管理者误认为是乳腺发育不良。乳腺水肿部位结缔组织往往增生而变得硬实，且逐渐蔓延至乳腺小叶间结缔组织间质中，引起腺体萎缩。水肿的乳腺表面毛细血管扩张，周围病菌很容易侵入，增加感染乳腺炎的概率，还可导致结缔组织坏死，严重抑制乳腺发育，分娩后泌乳功能下降，甚至丧失泌乳功能。乳腺水肿是母猪产后无乳、少乳综合征的主要原因。哺乳仔猪吸吮水肿乳腺时，很快腹泻，成活率很低。此外，乳腺水肿还会加重母猪便秘，影响母猪采食量和胎猪发育。

五、产后泌乳障碍综合征

产后泌乳障碍综合征（PPDS）以产后第一天初乳和泌乳量不足为特征。泌乳量不足的情况比无乳多，同一猪场或同一母猪各乳腺之间临床症状差别很大。没有临床症状的母猪只引起仔猪发育不良，又称“问题

窝”。显然，产后泌乳障碍综合征在初生仔猪高死亡率中扮演着不可忽视的角色，威胁仔猪的生长发育、健康状况乃至生命。

1. 常见产后泌乳障碍综合征的种类

（1）无乳综合征（PHS） 无乳综合征是指母猪分娩后3~5天，乳房干涸、泌乳停止的现象。妊娠后期加大饲喂量［大于4千克/(天·头)］提高仔猪初生重的做法，会诱发母猪“糖尿病”，降低对葡萄糖的耐受性，导致无乳综合征的发生。妊娠后期母猪便秘产生的内毒素降低泌乳素，减少泌乳量，增加乳腺水肿，诱发无乳综合征。便秘时，肠道内大肠杆菌或梭状芽孢杆菌过度生长，会加重无乳综合征。细菌产生的内毒素会在猪体内存留，降低母猪的采食量，而母猪会通过保持水分的方法稀释毒素，这将引起水肿，并于产后2~3天消失，同时泌乳量会慢慢减少，最终停止泌乳。母猪出现极端体况（肥胖）是诱发脂肪肝综合征和无乳综合征的一个危险因素，可通过妊娠期限制饲喂和定期测量背膘的方法，确保母猪在进入分娩舍时不会储存过多的脂肪。优化哺乳期采食量是预防无乳综合征的关键，在哺乳期的头10天逐渐增加采食量的饲喂方式与自由采食相比，无乳综合征发病率从23%降至7%。

（2）产后三联症（MMA） 产后三联症是指母猪感染乳腺炎、子宫炎、子宫内膜炎的一类综合症候群。临床感染产后三联症的概率大约为13%，这与母猪分娩前后缺钙有关。缺钙是妊娠期钙营养过量的结果，这将导致母猪分娩前后钙新陈代谢活动受损。通常与分娩推迟或母猪分娩前后乳房水肿有关。炎性乳是指母猪因乳腺炎症或毒素中毒而释放的一种高抗乳（反刍动物称抗原奶）。常见的中毒原因有饲料霉质、抗生素蓄积性中毒和重金属盐中毒等。

2. 产后泌乳障碍综合征的发病原因及改善措施

产后泌乳障碍综合征的发病原因并不完全清楚，其致病因子多而复杂。除内分泌激素外，营养、管理、内毒素、致病菌感染和先天泌乳功能不足等都影响产后泌乳障碍综合征的发生。患产后泌乳障碍综合征的母猪血浆中肾上腺皮质内泌素的量明显比正常母猪高，肾上腺远比正常母猪的重。肾上腺素具有抑制肌上皮细胞和中断神经-激素反射弧的作用，致使终止排乳。现代育种的结果是选取高瘦肉率、低背脂和增重快的种猪，会在不知不觉中选用了肾上腺过旺的母猪。因肾上腺皮质分泌的糖皮质激素和髓质分泌的肾上腺素增多，母猪高度紧张，内分泌紊乱，抑制乳腺分泌，容易增加产后泌乳障碍综合征的发生。干扰或突然改变饲喂方法，更换饲料配方，饲喂品质差的饲料，转群，高温高湿，分娩等应激因素，可增加肾上腺皮质激素的分泌量。妊娠最后一周饲喂过量或饲喂粉碎太细的粉状日粮，或服用减低肠道蠕动的药物等，使食物在胃肠道滞留时间过长，增加产生毒素的细菌进入肠道的机会，明显地增加患无乳症的机会。供给高纤维素饲粮能增加泌乳素分泌，减少内毒血症。高纤维素日粮还可使怀孕母猪饮水增加，促进泌乳。维生素 E 和硒的缺乏，会增加无乳症的发生。妊娠中后期，长期、大剂量、连续饲喂四环素类药物，可引起产后母猪无乳症。如果是由于使用本类药物不适引起乳头阻塞造成不排乳，可用 5～10 国际单位催产素肌内注射，促进排乳。仔猪吸吮动作的刺激可透过神经-激素反射弧，使垂体后叶释放黄体素，促进腺泡排乳。

最常引起无乳症的细菌主要是大肠杆菌，约占无乳症病例的 55%。大肠杆菌的内毒素容易经由肠道吸收而使母猪患无乳症。其次是链球菌，特别是无乳链球菌和停乳链球菌。

第二节　提高乳腺质量的主要方法

一、乳腺选育

乳腺是合成乳汁的功能结构单位，是泌乳的重要且唯一器官，是改变规模猪场命运的撒手锏。

乳腺的选择应在初生、断奶、保育结束、90 日龄时分别进行一次筛选。在选取留种（包括种用公猪）时，发育良好的乳头至少有 6 对，排列均匀、对称且保持平行，位于脐中线之前至少要有 3 对功能性乳头。避免选用乳头凹陷或发育不良的母猪，严禁选用无效乳头、瞎乳头和看不到括约肌乳头的母猪留种。如果母猪脐眼前后乳头偏离直线，排列不整齐，会限制仔猪接近乳头，影响哺乳效果。乳头排列不整齐的母猪通常腰围大，乳头分散，导致母猪不能同时哺育 11 头或 12 头仔猪，应禁止留种。

二、乳腺发育的主要调控措施

1. 乳腺的发育规律

在胎儿期乳腺就开始生长，新生仔猪乳腺管系统发育很不完善，主要由皮下间质形成。乳腺生长发育期是在出生后，特别是在90日龄到初情期、妊娠第75~95天和泌乳期。

（1）90日龄到初情期 该阶段为乳腺快速发育的第一阶段。90日龄前青年母猪乳腺组织增生和表示乳腺细胞数量的脱氧核糖核酸增长一直很慢，90日龄后乳腺组织、脱氧核糖核酸的增长率与90日龄以前相比提高了4~6倍。进入初情期后，乳房膨大，但腺泡尚未形成。

（2）妊娠第75~95天 该阶段为乳腺快速发育的第二阶段。青年母猪直到配种后，乳腺仍然很小，腺泡尚未形成。在妊娠前、中期乳腺继续发育，乳腺细胞数量发育较慢。几乎所有的乳腺组织和体现乳腺细胞数量的脱氧核糖核酸的增长都发生在妊娠75~95天。至妊娠95天时细胞数量达到最大，短短20天时间内，乳腺组织总脱氧核糖核酸含量增加三倍多。在此期间，乳腺细胞在数量上发育完成，并完成了从脂肪组织和基质组织向有分泌功能的腺泡小叶组织的转变，使乳腺产生泌乳功能，是乳腺发育的重要节点。

此外，妊娠90~105天，乳腺仍继续发育。该阶段乳泡腔中分泌物明显增多，乳腺小叶内开始有初乳聚集直到分娩当日。至妊娠105天，在促乳素和黄体酮协同作用下，进一步促进腺泡发育，分泌功能逐渐完善。产前2天乳汁合成趋于完善，腺泡分泌初乳。

（3）泌乳期 泌乳期是乳腺快速发育的第三阶段。开始哺乳后，乳腺发育并未停止，乳腺的平均湿重从泌乳第5天的381克增加到第21天的593克，总的乳腺脱氧核糖核酸水平增加100%。

2. 影响乳腺发育的主要因素与主要调控措施

（1）营养因素 妊娠75~95天乳腺处于高速发育期，摄入高能量[代谢能43.9兆焦/(天·头)]、高脂肪对乳腺发育和随后的泌乳具有负效应。因为高能量会迅速增加母猪脂肪储备，一部分脂肪以游离形式进入到乳腺蜂窝组织，沉积在乳腺细胞和腺管内，导致分泌细胞发育受阻，乳腺细胞脱氧核糖核酸数量减少，乳腺管被脂肪堵塞，导致泌乳性能不佳或泌乳障碍。或当采食量超过2.5千克/(天·头）时，同样会导致母猪乳腺实质重和脱氧核糖核酸含量显著下降，减少乳腺细胞的数量。因此，在乳腺快速发育的关键时期，应适当降低日粮能量水平和限制采食量。

增加妊娠期饲粮蛋白质或者赖氨酸摄入量，有利于青年母猪生长发育，对乳腺没有影响，过低摄入不利于乳腺发育。妊娠80天前乳腺蛋白质沉积增长并不显著，妊娠80天后每个乳腺的蛋白质增量增加24倍。妊娠后期母猪可消化赖氨酸需要从6.8克/天增加至15.3克/天。哺乳期日粮高能、高蛋白质、高赖氨酸可以提高乳腺干、湿重，当每日提供55克真回肠可消化赖氨酸和70.64兆焦代谢能（日采食量大于5.5千克，日粮消化能大于13.59兆焦/千克）时可达到最大化。

（2）激素 激素对乳腺组织发育和乳腺功能发挥起重要作用。与乳腺发育相关的主要内分泌激素包括动情素、泌乳素和松弛素。青年母猪4月龄尿中雌激素浓度比3月龄高4倍，说明3月龄后乳腺的快速生长与卵巢雌激素增加有关。妊娠后乳泡的形成与血液中雌激素和黄体酮水平的增加密切相关，妊娠105天时黄体酮水平降低而雌激素水平增加，乳腺代谢活动显著加强。说明乳腺的发育与雌激素水平呈正相关，其作用机理可能是雌激素增加了乳腺中催乳素受体的数目，从而刺激催乳素。由卵巢黄体分泌的松弛素促进乳腺实质的生长而抑制了乳腺脂肪的生长，松弛激素还可能通过催乳素发挥作用。给妊娠70～110天的母猪口服溴麦角环肽（催乳素抑制剂），催乳素水平急剧下降，乳腺组织中脱氧核糖核酸、核糖核酸水平降低，而乳腺组织中脂肪组织含量上升。给妊娠110天至产后28天的母猪口服溴麦角环肽，泌乳量下降。

（3）利用程度 尽管一胎围产期母猪的乳腺组织已从数量到功能都完全发育，但分泌功能的强弱与哺乳期仔猪的吮吸利用程度有很大关系。吮吸会使哺乳期乳腺组织持续生长，被吮吸的单个乳腺湿重可增大55%，乳腺总脱氧核糖核酸在4周哺乳时间内可翻一倍。仔猪的吸吮刺激能反射性地引起催产素的分泌，使腺泡上的肌细胞收缩，开始泌乳。母猪乳腺功能的进一步完善最终依赖头胎仔猪有效地拱奶吮吸，若没有被仔猪拱奶吮吸，即使发育良好的乳腺也会停止泌乳。到第2胎时，该乳腺即便被哺乳仔猪拱过吮过，乳腺仍是扁平的，少乳或无乳。因此，我们将初产母猪乳腺被吮吸利用程度视为乳腺继续发育的充分必要条件。实践证明，初产母猪的乳腺若不能被充分吮吸利用，该乳腺在后续胎次中就不再发育，分泌功能也大大下降，乃至成为无乳乳腺，甚至终身无乳。所以，初产母猪有多少有效乳头便带多少仔猪，至少要确保有6对乳腺得到有效吮吸。

（4）霉菌毒素 玉米赤霉烯酮能使后备母猪与一胎妊娠母猪乳腺增大，但其实质是使乳腺小管上皮细胞增生，乳腺腺泡并未真正发育。这种乳腺增大被称为假性乳腺发育。受危害的乳腺在增生组织压迫下发育不良，外观上乳腺略突出下腹，整个乳腺区均呈稍隆起的平展，看不到发育良好的杯状乳腺。如果母猪在分娩前后摄入大量的玉米赤霉烯酮，轻者乳腺虽有泌乳功能，但泌乳量减少，重者产后3~5天突然无乳，严重者将完全丧失泌乳功能。以小麦为主的能量日粮中麦角生物碱对乳腺发育危害也比较常见，麦角生物碱严重影响乳腺的血液供给，使乳腺发育受阻。此外，麦角生物碱刺激多巴胺受体，抑制泌乳素的分泌，母猪表现为无乳或少乳。生产中常常是玉米赤霉烯酮与麦角生物碱共同影响乳腺发育与泌乳功能。

（5）乳腺水肿 妊娠后期乳腺水肿导致乳腺上皮细胞无法从血液中摄入所需的营养物质，乳腺细胞数量降低，发育受阻。将妊娠后期的母猪从限位栏中解放出来，改为大栏饲养或半限位饲养，增加母猪运动量，不仅可以显著减少乳腺水肿，还可以缩短产程，减少滞产、难产发生率。提高妊娠后期母猪的营养水平，特别是氨基酸螯合铁的供给，补充膳食纤维，调节电解质平衡等措施都能显著减少乳腺水肿的发生。

【小经验】

乳腺水肿时可注射500毫升10%葡萄糖溶液（过多会导致失水），增加渗透压；注射肌酐和ATP（腺苷三磷酸），加强心脏动力，改善血液循环；注射甘露醇（不可滥用利尿药物，因为利尿药会排钾，易造成血钾过低），适当利尿；补充维生素C，减少毛细血管通透性。

（6）窝产仔数 乳腺对所有必需氨基酸的摄入量随窝产仔数的增加而增加，同时，母猪血流量、泌乳量也随窝产仔数的增加和泌乳期的进程而增加。

(7) 其他因素 高温环境时，流向皮肤表面的血液量增加，乳腺发育所需营养物质减少，乳腺发育受阻、功能降低。中国地方品种（如梅山猪）的乳腺发育较外来种猪慢，因为地方品种在妊娠后期背膘厚度大于或等于25毫米，过肥影响乳腺发育。

第三节 哺乳母猪饲养存在的主要问题

一、采食量普遍偏低

1. 采食量现状

经产母猪在21天泌乳期内平均日采食量应为5.54千克，而现代瘦肉型母猪哺乳期采食量普遍偏低，10%~12%的头胎母猪和3%~4%的经产母猪日采食量不足3千克。头胎母猪哺乳期日采食量不足5千克的猪场的占70%，一胎母猪比经产母猪低15%。

2. 采食量不足的危害

哺乳期母猪采食量不足直接影响母猪的哺育能力、产能和繁殖效率，进而影响断奶仔猪头数（PSY）和出栏肥猪头数（MSY）。

(1) 断奶仔猪头数（PSY）减少 采食量不足时母猪泌乳量减少，仔猪日增重下降，断奶重减轻，哺乳期成活率降低。例如：初生重1.5千克的仔猪，要想在21日龄增重5千克，则平均日增重最低为238克，那么窝带仔10头的母猪每天最低泌乳量需要9.5千克（平均每4千克母乳可使哺乳仔猪增重1千克），每天采食量最低需要7千克。当采食量不足时，母猪会分解体组织中的脂肪用于泌乳，这会增加母乳中中长链脂肪酸含量（即脂肪乳），导致仔猪因无法消化而腹泻，断奶仔猪数降低。

(2) 母猪掉膘失重增加 采食量不足时母猪动用体储用于泌乳，随着哺乳期的延长掉膘失重逐渐增加。头胎母猪哺乳期掉膘比较严重，掉膘10千克以上的猪场占70%以上；经产母猪掉膘10千克以上的猪场约占60%。母猪掉膘失重导致发情间隔延长、发情困难或乏情，母猪淘汰率增加，服务年限缩短，母猪排卵数减少，下一胎次和终身产仔数下降。

例如：仔猪平均初生重1.5千克，若离乳时窝重目标为70千克（7千克×10头），哺乳期窝采食教槽料3千克提供窝增重2.5千克，日维

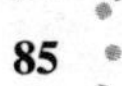

持体重需要饲料1.79千克，当母猪平均日采食量为4.2千克时，28天断奶时母猪失重多少千克？

计算方法：饲料产生的泌乳量＝(4.2千克/天×28天－1.79千克/天×28天)×2＝134.96千克

实际需要泌乳量＝(70千克－15千克－2.5千克)×4（乳转化为仔猪增重系数）

＝210千克

泌乳差额（即来自体组织的营养损失泌乳量）＝210千克－134.96千克≈75千克

体重损失≈75千克×5.4兆焦/千克（乳能）÷16兆焦/千克＝25.31千克

答：母猪失重25.31千克时，才能实现仔猪窝增重70千克的目标。

注：母猪失重中约65%为脂肪，15%为蛋白质，每失重1千克约含消化能18.83兆焦，消化能转化为乳能的效率为85%，即每失重1千克可供给16兆焦（18.83×85%＝16）的能量用于泌乳。

3. 哺乳母猪采食量的计算方法

（1）估测法

方法一：哺乳母猪每天饲料最低需要量为体重的3%。

方法二：一周后哺乳母猪每天饲料最低需要量＝维持需要量（体重的1%）＋带仔数×0.5千克。

方法三：哺乳母猪最大日采食量（千克）＝0.013×体重÷(1－干物质消化率)。

（2）计算法

例一　日粮代谢能为13.8兆焦/千克，哺乳仔猪日增重240克，带仔数12头，母猪体重142千克。在不掉膘情况下，计算母猪最低采食量。

根据仔猪日增重估计日泌乳量为：12头×240克/头×4＝11.52千克；

每日能量需要＝维持能量需要＋泌乳能量需要（泌乳能量约8.368兆焦/千克）＝$0.46\times142^{0.75}$＋11.52×8.368＝115.06兆焦；

日采食量＝115.06兆焦÷13.8兆焦/千克≈8.3千克，即母猪在不掉膘情况下，最低日采食8.3千克。

注：母猪维持能量需要＝$0.46\times W^{0.75}$，式中W为母猪体重。

例二 一头200千克的母猪，哺乳初生重为1.5千克的仔猪12头，要求25天断奶时仔猪均重9千克。哺乳期内每头仔猪采食600克优质教槽料，要求哺乳期内母猪掉膘控制在20千克以内，计算哺乳期25天母猪最低需要采食多少千克饲料。

计算：增重的营养来源于母乳和教槽料。

1）计算仔猪需要的总增重量。哺乳期仔猪总增重为：12头×(9千克/头-1.5千克/头)=90千克。

2）计算教槽料增重量。教槽料可以带来大约600克/头的体重增加，12头仔猪共增重7.2千克。剩下的82.8千克增重全部来源于母乳（母乳由饲料营养和消耗体储营养两部分产生）。

3）计算需要的母乳量。每千克母乳含代谢能5.4兆焦，仔猪每增重1千克需要代谢能22兆焦，则仔猪每增重1千克需要4千克母乳。所以，增重82.8千克共需要母乳331.2千克。

4）计算消耗体储提供的母乳量。若哺乳期体重消耗10%，每消耗1千克体重产2千克母乳，则该头母猪消耗20千克体储可产母乳40千克。余下291.2千克母乳则全部来源于母猪采食的饲料。

5）计算需要提供母乳的饲料量。玉米-豆粕型日粮含代谢能为14兆焦/千克，饲料能转化为乳能的效率为70%，则每摄入1千克饲料能生产相当于9.8兆焦代谢能的母乳。每千克母乳含代谢能5.4兆焦，每消耗1千克饲料产生约1.8千克母乳。所以，291.2千克母乳共需要饲料162千克，平均每天（共25天）需要6.48千克饲料用于泌乳。

6）计算维持消耗需要的饲料量。每天维持需要消耗饲料大约为母猪体重的1%，即哺乳期母猪掉膘控制在20千克以内，则200千克体重大概需要2千克/天饲料。

综上所述，母猪平均日采食量最低需要为8.48千克（6.48千克+2千克）。

二、泌乳力不足

1. 现代母猪的泌乳特点

随着育种技术和母猪营养研究的发展，以及母猪营养的精细化、精准化，现代母猪的泌乳力得到了很大提升。正常情况下，现代基因型母猪的平均泌乳潜能达10~15千克/天，180千克左右的母猪20天左右可分泌相当于其自身体重的乳汁，即每千克体重每天泌乳量可高达60克，大于奶牛50克/千克体重的产奶量。每天放奶次数在23~32次，每头母猪每次泌乳量为250~400克。每天泌乳次数随着泌乳天数的增加而逐渐减少，一般在产后10天左右泌乳次数最多。平均泌乳间隔为40~60分钟，每次泌乳20~30秒，多的可达40余秒。整个泌乳期泌乳量呈曲线变化，大约在分娩后5天开始上升，至第21天达到高峰，之后逐渐下降。

2. 泌乳不足的表现

哺乳时，仔猪首先发出叫声，开始拱揉母猪乳房，向母猪发出要求吃奶的信号。紧接着母猪侧卧，让乳头暴露出来，表示同意仔猪哺乳。经过仔猪1~2分钟的按摩，母猪开始放奶，这时仔猪停止骚乱，安静用力吸吮并发出“啧啧”响声，母猪也发出“哼哼”的放奶声。放乳结束后，仔猪再对乳房进行2~3分钟的按摩，哺乳过程结束。当放乳和允乳的生理过程不能很好地完成时，预示着母猪奶水不足。奶水不足主要表现有：母猪乳腺干瘪，乳房上有“乳圈”；仔猪哺乳时，母猪不适，不愿意让仔猪吮吸；母猪患乳腺炎，仔猪吸乳时因疼痛藏奶、拒哺（见彩图15），不愿意让仔猪哺乳，哺乳次数明显偏少；仔猪为了填饱肚子，不得不争抢乳头而自相残杀，相互打斗，仔猪嘴部、面颊多有咬伤现象；仔猪头部不断磨蹭母猪乳房导致头部黑色油斑；母猪放乳已结束，但仔猪仍用力吸吮拉扯乳头不肯放松或含着乳头入睡不肯放松；多数仔猪长时间膝关节着地用力吃奶、争抢乳头与地面发生摩擦，导致膝盖皮肤伤如硬币大小（见彩图16）；因感染链球菌形成关节肿胀和全身性感染，被毛粗乱。

3. 泌乳不足对仔猪的影响

泌乳不足直接影响仔猪体增重、断奶窝增重，导致仔猪生长缓慢、停滞或负增长，发病率和死亡率增加，严重制约断奶健仔数、母猪产能、每年每头母猪出栏肥猪头数、后期育肥期的料肉比和出栏时间等重要经济指标。目前，大多数规模猪场仍无法从根本上解决母猪产仔数多、日增重快、成活率低与泌乳力之间的突出矛盾。

三、断奶母猪发情难、配种难

目前，断奶母猪发情难、配种难普遍存在。首先，母猪发情时黏液量明显减少的现象也较普遍，超过10%的猪场占比60%；母猪发情配不上种和返情比率超10%的猪场占比35%。其次，断奶后母猪延期发情的现象特别严重，7天以上（含7天）才发情的母猪比率达10%以上的猪场占比85%。因现代瘦肉型母猪高泌乳性能、低采食量和较少体储的特点，本身就非常容易在泌乳期掉膘失重。当哺乳母猪采食量不足时日摄入能量、蛋白质和赖氨酸等营养物质不足，迫使母猪不得不主动分解自身储备的体组织营养来补充泌乳营养不足的需要，这必将导致体重损失增加。失重的主要临床表现是断奶至发情间隔明显延长、发情延迟或乏情等显著影响母猪繁殖性能和效率的现象（见表4-1）。

表4-1 泌乳期母猪日采食量对繁殖性能的影响

指　　标	日采食量/(千克/头)					
	1.5	2.2	2.9	3.2	4.3	5.0
泌乳期失重/千克	44.5	30.8	27.4	19.6	15.8	9.0
泌乳期背膘损失/毫米	8.9	7.1	6.4	5.7	4.2	4.0
断奶至再发情时间/天	29.8	32.4	23.6	16.4	15.5	11.4
排卵数/枚	12.2	13.3	10.9	13.3	11.7	12
断奶后8天内母猪发情率（%）	8.3	33.3	50.0	58.3	58.3	83.3

体重的损失往往是母猪体组织中的蛋白和脂肪损失，其中，脂肪损失占65%。当哺乳期母猪体重损失超过10%时，将干扰分娩后母猪卵巢和子宫激素的分泌，是造成母猪断奶后发情延迟或乏情的主要原因。体重损失每增加10千克，离乳间隔大于或等于8天，发情间隔至少延长3天，下一胎产仔数减少约0.5头，仔猪离乳体重减轻约0.5千克。体重损失大于40千克时，断奶后不再发情。1～2胎次母猪对失重更敏感，这主要是因为它们体储相对较少，且身体处于发育阶段；而多胎次母猪对失重的耐受能力稍强。

生产实践证明，哺乳期母猪饲喂低能或低蛋白质日粮都可导致哺乳期母猪失重增加，低能时母猪体重损失主要是体脂损失，低蛋白质时体重损失主要是肌肉和器官组织中的蛋白质损失。饲喂低水平赖氨酸（小于或等于20.4克/天）的经产母猪体重损失中59%为蛋白质，37%为脂肪；而饲喂高水平赖氨酸（72 克/天）的经产母猪体重损失中 100% 为脂肪。限制 21 天内哺乳期母猪能量摄入 60% 时，能抑制 LH 的分泌与卵巢的活动，排卵数减少，并延长断奶至发情间隔。哺乳期母猪每损失 1 千克，至少需要 8 千克饲料补差；恢复 1 毫米背膘，需要母猪增重 5 千克；失重 10 千克至少需要 50 千克饲料来恢复体重，且母猪耐用期限缩短，更新淘汰率增加（大于或等于 50%），多数在 4 胎后提早淘汰。所以，哺乳期母猪体重损失的目标为 0，实际生产可接受的体重损耗在 10 千克以内或更少。

第四节　提高母猪哺育能力的主要途径

提高母猪哺育能力可促进仔猪健康生长发育，增加母猪产能，最终实现母猪饲养效益最大化。

一、满足营养需要

哺乳母猪的营养需要由维持需要和泌乳需要组成。1 ~ 2 胎次母猪还有生长发育需要。现代基因型母猪具有较高的泌乳潜力，哺乳期所摄取的营养物质除少部分满足自身维持需要外，其余全部用于泌乳。由于现代基因型母猪胃肠容积小、采食量少等特点，当采食量无法再增加时，提高日粮营养物质浓度来增加日摄入营养物质总量就成为提高泌乳力的主要因素。

1. 能量、氨基酸对提高母猪哺育能力的影响

能量和赖氨酸的摄入量决定母猪的产奶量。高能日粮可显著提高母猪哺育能力，避免哺乳期母猪失重，缩短断奶后发情间隔，提早发情，改善受胎率。降低日粮能量水平，母猪泌乳力显著下降。不同类型脂肪对母猪分娩成绩影响不大，对于泌乳性能的影响存在差异。添加豆油可提高初乳、常乳乳脂含量。添加鱼油能增加初乳、常乳和仔猪血清中 n3PUFA 含量，影响乳汁和后代血清脂肪酸组成。添加脂肪酸（如 CLA、EPA 和 DHA）可以显著改变奶水乳脂率和脂肪酸组成，进而对后代体成分、代谢、免疫和生产性能产生影响。妊娠期和泌乳期间饲喂 CLA 的母猪所产仔猪，在断奶后生长更快，热胴体重更大，采食量更高，半腱肌的重量和眼肌面积显著增加，而且还能增加母猪初乳及其后代血浆中 IgG 和溶菌酶含量，这种效果可以持续到断奶后 35 天。大豆异黄酮具有雌激素样作用，能促进催乳素的合成和分泌。催乳素能增加乳腺组织雌激素的水平，增加乳腺血流量，刺激乳腺上皮细胞分化成分泌细胞，从而提高产奶量。

除此以外，泌乳母猪能量需要还与其体重、采食量、泌乳量、带仔数、仔猪日增重密切相关（见表4-2）。随着母猪体重的增加、带仔数增加、泌乳量的增加和哺乳期仔猪日增重的提高，相应的母猪能量需要量也必须增加。而哺乳期母猪的采食量则不同，低采食量时，日粮能量水平应大于13.80兆焦/千克代谢能；高采食量时，日粮能量水平应不低于13兆焦/千克代谢能；中等采食量时，日粮能量水平不低于13.4兆焦/千克代谢能。生产中，只要测得母猪的采食量和仔猪目标断奶窝重（母猪乳汁每1千克含5.4兆焦的代谢能，每头哺乳仔猪每增重1千克需要22兆焦的代谢能，相当于仔猪每增重1千克约需要4千克母乳），就可以制定适合本场哺乳母猪饲粮的能量需要。

表4-2　哺乳母猪每日能量需要量

母猪体重/千克	142.5		217.5		280	
哺乳仔猪数/头	8	12	8	12	8	12
仔猪日增重/(克/天)	200	240	200	240	200	240
预期泌乳量/(千克/天)	6.4	11.5	6.4	11.5	6.4	11.5
维持需要量/(兆焦/千克)	18.95		26.07		31.46	
泌乳需要量/(兆焦/千克)	53.56	96.23	53.56	96.23	53.56	96.23
日能量需要量/(兆焦/千克)	72.51	115.19	79.62	122.30	84.94	127.61
日采食量/(千克/天)	5.25	8.34	5.76	8.85	6.15	8.93

2. 饲粮蛋白质营养对母猪哺育能力的影响

哺乳期母猪摄入低蛋白质日粮时，泌乳期间体蛋白质损失增加，断奶至发情间隔延长，且配种受胎率低；摄入高蛋白质日粮的母猪其断奶后LH水平增加。随着日粮蛋白质水平提高，乳中蛋白质的水平也相应升高，断奶仔猪体重也相应提高。同时，随着日粮蛋白质水平的提高，母猪采食量和体况也得到了改善，哺乳期母猪失重减少。但哺乳母猪日粮蛋白质达到一定水平时，再提高日粮蛋白质水平对泌乳量不产生影响。这充分证明了哺乳母猪日粮中蛋白质水平主要影响母猪繁殖力，对母猪泌乳力的影响次之。泌乳母猪日粮粗蛋白质最低需要量为17.5%、总赖氨酸为0.9%~1.0%，或每天提供不低于45~50克的赖氨酸。经产母猪日粮消化能不低于14.02兆焦/千克，日粮粗蛋白质18%以上，赖氨酸水平1.0%以上。日饲喂4次以上，采食量110~120千克/21（天·头）以上，才能弥补因采食量不足造成的体况下降。

二、提高采食量

现代母猪泌乳量必须支持2~3千克/天的窝增重速度或更高，即相当于每天至少泌乳8~12升，才能发挥仔猪日增重的遗传潜力。目前，哺乳母猪饲粮代谢能水平普遍在13.6兆焦/千克左右，根本不能满足日益增加的窝产仔数和仔猪日增重的需求。在饲粮营养水平无法增加的前提下增加采食量是提高母猪哺育能力最大化的重要因素。提高母猪采食量主要有以下措施。

1. 妊娠期限制饲喂

妊娠期母猪采食量明显影响哺乳期采食量，即妊娠期过度饲喂或采食较高能量日粮时将整体性降低哺乳期母猪的采食量。当妊娠期采食高能量日粮时，会导致分娩母猪肥胖。分娩时母猪背膘厚超过22毫米时（分娩母猪最佳背膘厚在18~20毫米），泌乳期母猪采食量会逐渐下降，特别是分娩时背膘超过24毫米的母猪更明显。此外，妊娠期母猪高采食量会引起妊娠母猪便秘、难产，造成母猪产后采食量偏低或不食。而妊娠期限制饲喂，可减少哺乳期母猪脂肪分解代谢和增强食欲，从而提高哺乳期母猪采食量。所以，妊娠期母猪必须限饲，以确保母猪在进入分娩舍时不会储存过多的脂肪而降低哺乳期母猪采食量。

2. 适宜的环境条件

产房适宜的环境条件主要包括温度、湿度、通风、光照、空气质量等因素。其中，产房环境温度是影响母猪采食量最关键的环境因素。哺乳母猪最佳采食量的适宜环境温度为18~20℃，温度每升高1℃，采食量将降低0.13~0.25千克/天。夏季高温季节将严重影响母猪采食量。但过低的环境温度，虽然采食量增加明显，但增加的采食量并未用于泌乳，同样影响母猪的泌乳力。哺乳母猪的光照时间大于14小时，能刺激催乳素的分泌，显著增加泌乳量。有利于泌乳的主要空气质量指标为：氨气含量小于20毫克/米^3，硫化氢含量小于8毫克/米^3，二氧化碳含量

小于1300毫克/米³。

3. 提高饮水量

水是母猪泌乳必需的营养物质，奶水中水占比高达80%，是母乳的重要组成成分。哺乳期母猪每采食1千克干料需饮水2~5升。增加泌乳期母猪饮水量，可以提高采食量10%~15%。提供充足、新鲜、清洁的饮水及适宜的水温（15~20℃），是提高母猪哺乳能力的重要条件之一。哺乳母猪每天饮水应大于30升，饮水时间大于60分钟/天。当环境温度升高时应增加饮水量。

4. 防止便秘

妊娠后期和产后便秘对泌乳母猪采食量影响较大。日粮中添加微生态制剂和膳食纤维，有利于促进胃肠蠕动，扩大胃肠容积，维持肠道菌群平衡，促进消化腺分泌，减少便秘，提高泌乳期母猪采食量。

5. 增加采食频率

增加采食频率，可提高哺乳母猪采食量。日喂两次比日喂一次采食量高，由两次增加到三次时采食量增加10%~15%，即饲喂次数越多，采食量越多，泌乳量就越大，哺乳期母猪体重失重就越少。根据采食规律，哺乳母猪每天采食高峰的时间分别是7：00~8：00和16：00~17：00，分别占日采食量的40.7%和30.5%；次日3：00~4：00占日采食量的28.8%。因此，建议产后第8天开始，22：30增加一次饲喂，饲喂量为正常饲喂量的20%~30%。

6. 饲喂湿拌料

哺乳母猪饲喂湿拌料不仅可显著提高采食量，而且能提高饲料转化率，因为湿拌料具有适口性好、采食量大、便于吞咽、容易消化吸收等优点。湿拌料适宜的料水比为1:（1~1.2），判断标准为：抓一把拌好的湿拌料，用力握紧时，在手指缝隙中能看到水珠；松手时，能散开。该状态的湿拌料料水比最适宜，过干时起不到湿拌的效果；过湿时营养水平降低，反而对母猪哺育能力产生不利影响。使用湿拌料饲喂哺乳母猪时，一定要现拌现喂，保持新鲜。高温时，湿拌料易发霉变质。

7. 提高日粮适口性

在日粮中添加油脂、诱食剂、膨化大豆、膨化玉米、优质鱼粉、大豆蛋白粉等优质原料，选择适口性好的原料，不使用发霉饲料，避免日粮钙水平过高（大于1.0%），避免过度粉碎等措施，对提高母猪采食量非常重要。另外，酸化剂在提高母猪采食量、增加饲料养分利用率、降低胃肠道pH、改善微生物菌群平衡、增强母猪免疫力和抗氧化机能方面均有不同的作用效果。

8. 增加产仔数及提高仔猪的吸奶能力

哺乳母猪带仔数越多，泌乳量也越多。调整母猪产后带仔数，使其带满全部有效乳头数，有利于最大限度地发挥母猪的泌乳潜力。一胎母猪更容易出现产仔数与乳头数不对称的现象。仔猪初生体重大和活力较强的仔猪，吸奶能力较强，母猪的乳腺发育也会更好，泌乳量会更多。因此，提高仔猪初生重和活力，带满全部有效乳头数，可间接地提高母猪哺乳期泌乳量。此外，不同品种母猪泌乳力也不同。一般大型肉用型或兼用型种猪的泌乳力较高，小型、脂肪型种猪的泌乳力较低。

三、合理的饲喂策略

泌乳期母猪的饲喂策略也是最大限度地保持母猪较高采食量的关键措施之一。哺乳期母猪优秀的饲喂策略，能使泌乳期母猪每天多采食1千克饲粮，断奶体重少损失10千克，背膘厚损失减少1.4毫米，泌乳量增加1千克/天，窝仔猪增重大于或等于250克/天。目前，普遍支持的饲喂方案是确保母猪产后7日龄时达到最大采食量，并保持到哺乳20日龄以上。具体方法为：产后一周内逐渐增加饲喂量和一周后自由采食的饲喂方式，并依据带仔多少确定其采食量。在哺乳20天时检查母猪膘情，对失重较多、膘情较差（体重损失的预警指标应控制在10千克内，背膘损失的预警值为小于3毫米）的母猪，可适当控制哺乳，并在哺乳最后一周内提高日粮营养水平、采食量。维持哺乳期最后一周最佳采食量对提高母猪繁殖力至关重要，严禁因预防乳腺炎在断奶前3~5天减料。1~2胎次的哺乳母猪建议日采食量见表4-3。

表4-3　1~2胎次哺乳母猪产后一周内建议日采食量

哺乳天数/天	0	1	2	3	4	5	6	7
第一胎日采食量/千克	1.0	2.5	2.5	3.0	4.0	5.0	5.0	6.0
第二胎日采食量/千克	1.5	2.5	3.0	4.0	5.0	6.0	6.0	6.0

不同的国家、区域和不同的种猪，经产母猪哺乳期的饲喂策略不同。笔者根据30年规模猪场的服务经验，建议我国母猪的饲喂策略为：分娩当天饲喂1~1.5千克的哺乳母猪饲料或麸皮粥+红糖，日粮消化能大于或等于14.5兆焦/千克。产后第一天起，在维持需要的基础上结合背膘检测值和带仔数多少进行精确饲喂。产后背膘在16~20毫米时，产后第一天饲喂2.5~3千克，以后每天增加1千克，至产后第4天自由采食；对产后背膘厚小于16毫米的母猪，产后第一天饲喂3.2~3.5千克，以后每天增加1千克，至产后第4天自由采食；对产后背膘厚大于20毫米的母猪，产后第一天饲喂1~2千克，以后每天增加0.5千克，至产后第6天自由采食。以上针对不同情况的母猪所采取的不同饲喂策略，至产后第10天都有望达到最大采食量（2~2.5千克/天+0.5千克×哺乳仔猪头数）。饲喂时要避免产后第一周过多饲喂。无论采取哪种饲喂策略，目的都是维持哺乳期8~12天母猪的最大采食量，因为这段时间是母猪采食量最容易受到影响的波动期。

第五章
精细化优育仔猪，向提高成活率要效益

第一节 仔猪饲养管理误区

一、对初乳特点认识不足

母猪从分娩时起12～24小时分泌的乳汁称为初乳，之后分泌的乳汁称为常乳。初乳为淡黄色至淡棕色，黏稠，弱酸性。初乳与常乳在成分上有显著差异，突出特点是初乳含有非常丰富的蛋白质，是常乳的3～5倍。其中的免疫球蛋白含量高达5.5%～6.8%，而常乳中仅含0.05%～0.11%。特别是泌乳最初6小时内的乳汁中，免疫球蛋白以IgG为主，含量很高，之后逐渐降低。故初乳是仔猪获得免疫球蛋白的重要途径。此外，初乳中还含有丰富的镁、氯、磷、铁、钙等无机盐。初乳中镁盐的含量比常乳高1倍以上，具有缓泻性，有利于仔猪胎粪的排出。初乳的酸度比常乳高2倍以上，可以抑制进入胃肠道的有害微生物。因此，初乳对提高初生仔猪抵抗力、成活率具有重要意义。

分娩过程中，仔猪产出时子宫颈扩张和母猪的努责活动能够引起乳汁分泌，特别是分娩时和分娩后的1～2小时。早期乳腺分泌初乳是连续性的，到初乳晚期，乳汁分泌呈周期性。初乳分泌的频率为10～20分钟分泌一次，每次可持续1分钟或更长时间，排出初乳50～100毫升/次。初乳的总量不固定，平均为3.5千克/头。窝产8～12头仔猪的猪群，产后24小时内母猪初乳量在2.5～5.0千克/头。初乳产量和成分个体差异明显，受品种、胎次、营养、激素和环境条件等影响，其中营养是最主要的影响因素。因此，及时让新生仔猪哺食初乳对减少初乳的丢失很重要。

养猪者应充分认识初乳的特点和分泌规律，加强母猪饲养管理，提高产房母猪初乳产量和质量，及时让新生仔猪吃足吃够初乳，这对提高仔猪成活率及减少初乳的丢失非常重要。长期以来，受传统思想观念和一些厂家错误宣传的误导，部分中小规模的养猪户迷信于母仔猪的药物保健和仔猪奶粉料，而忽视初乳的重要性，结果导致仔猪成活率降低，母猪饲养效益低下，要知道再好的保健方案和高端的教槽料也无法与母猪的初乳画等号。

二、对初乳的重要性认识不足

1. 初乳中免疫球蛋白的重要作用

初乳不仅局限于给仔猪提供营养，而且初乳中的免疫球蛋白是初生仔猪抵抗病原微生物的唯一来源。

1）初乳中免疫蛋白的含量在仔猪出生后2小时内变化不大，随着泌乳时间的推移将发生巨大的变化，特别是泌乳6小时后急剧下降50%。

2）仔猪出生后6小时内几乎能100%吸收免疫球蛋白。其原因是出生后24小时内仔猪肠道上皮处于原始状态，从母猪血液移行到初乳中的大分子免疫球蛋白，能直接通过肠壁吸收后进入仔猪血液，成为循环抗体，这对仔猪全身免疫抗病和局部防病具有不可替代的作用。仔猪出生后这种对免疫球蛋白的完全吸收能力仅能持续12~18小时（见表5-1），18小时后免疫球蛋白必须经分解才能被仔猪吸收。

表5-1 新生仔猪对母乳抗体的吸收能力

出生后时间/小时	1	3	8	16	24	48
抗体吸收能力（%）	90~100	70~75	40~50	20~30	10~15	5~10

3）仔猪出生后体内是没有抗体的，从初乳移行到仔猪血液中的母源抗体以一定的速度在减少，特别是在仔猪出生4~6小时下降很快。而且新生仔猪自身淋巴细胞主动免疫产生的抗体在出生10天后才开始出现，此期，仔猪处于被动免疫和主动免疫交接之际的免疫空窗期，抗感染能力十分脆弱。为使仔猪顺利度过这一危险期，让仔猪及时吃足初乳是最有效的办法。免疫空窗期的长短与吃初乳量多少密切相关，即仔猪初乳吃得越多、吃得越早，免疫空窗期就越短。当仔猪吸食350~400毫升初乳（约280毫升/千克体重）时才能获得足够的抗体，即仔猪出生后12小时内吃3~4次初乳，对于弱仔每次只能摄取70~100毫升，需吸食初乳4~6次，才能顺利度过免疫空窗期。

因此，仔猪必须在出生后6小时内及时吃足初乳，从初乳中获得免疫球蛋白，以提高其成活率。吃得越早、吃得越多，抗病力越强，尤其是出生后2小时内的初乳，对减少哺乳仔猪的死亡具有重要作用。事实证明，40%～50%有问题的初生仔猪都是由于未能及时吃足初乳，导致血液免疫球蛋白含量较低而感染疾病的。

2. 初乳具有调控新生仔猪胃肠道发育的作用

仔猪刚出生时，胃肠道内无菌。出生后的几小时内，来源于产道和环境中的微生物菌群迅速在新生仔猪胃肠道内建立。大肠杆菌、沙门菌等有害菌也迅速进入胃肠道，并快速繁殖。初乳具有抑菌特性，可促使固有菌更快定植并形成健康的微生物区系。其次，初乳中含有大量的生物活性物质（如多种肽、激素、酶）、生长因子、激素（胰岛素），可刺激胃肠道上皮黏膜在出生后2周内，特别是出生后24小时内快速发育成熟，调节肠道微生物，诱导肠道内激素和肽的分泌，有助于仔猪胃肠道发育和成熟，使新生仔猪肠黏膜的营养主动吸收能力增加100倍以上。免疫球蛋白被认为是初乳中最主要的肠道黏膜保护性抗体，对新生仔猪免疫系统的进一步发育成熟起到免疫调节因子的作用。若仔猪不能尽快吃上初乳，初乳中抗体和大量的生物活性物质就不能有效地抑制有害菌的繁殖，特别是致病性大肠杆菌、梭菌、沙门菌，仔猪很容易腹泻而死亡。

3. 初乳具有补充能量的作用

初乳能量水平显著高于常乳，能提供给仔猪充足的能量以维持体温恒定。及时摄入初乳将为新生仔猪补充能量，对抗由于单位体重体表面积大、热量散发快、体温调节能力差所造成的冷应激所致的体温下降、腹泻。

三、对哺乳管理的重要性认识不足

母乳是仔猪最好的食物，是仔猪生长发育的坚实基础，事关哺乳仔猪的成活率、健康程度、日增重、断奶时仔猪均匀度和健仔数、断奶仔猪头数等指标的好坏。不同顺序的乳头其发育程度存在差异，原因是位于母猪前侧的乳腺（是指位于胸腔部位的乳腺）和位于后侧的乳腺（是指位于腹腔部位的乳腺）分别由两个不同的血液循环系统供给营养物质。母猪前侧乳腺由外胸动脉（或称之为前乳动脉）来供给营养，后侧乳腺则由外阴动脉供给营养。由于排列在后侧的乳腺远离心脏，故后侧乳腺血液循环先天性弱于前侧乳腺。其后侧乳腺获取营养物质的多少和时间先后顺序也同样弱于前侧乳腺，因而母猪后侧乳腺发育先天性弱于前侧乳腺的发育，故前3对乳腺的干重、湿重及其蛋白质、DNA含量高于其他乳腺。也就是说乳腺所处的位置不同其泌乳量也不相同，其中以第2对乳腺泌乳量最高，第1对乳腺次之，第3对及以后乳腺的泌乳量依次下降（见表5-2）。最后一对乳腺泌乳量相对最低，且最易受后驱污染成为乳腺炎，哺乳该对乳头的仔猪也最易发生腹泻。因此，吸食第2对乳腺的仔猪其生长速度最快，吸食最末乳腺的仔猪生长速度最慢。

表5-2　不同乳头的泌乳量与仔猪体重的关系

乳头的位次/对	1	2	3	4	5	6	7
泌乳量分布（%）	23	24	20	11	9	9	4
20日龄仔猪重/千克	5.8	5.9	5.1	5.1	5.1	4.0	3.2
20日龄内增长系数	4.1	4.0	3.4	3.4	3.4	3.1	2.5

所以，初生仔猪哺乳时，必须根据仔猪出生体重大小和活力差别，固定在比较适宜的乳头位置。如果哺乳时不固定乳头，体重大活力强的仔猪一定抢食泌乳量最好的乳头，生长更快、更健康；出生弱小的仔猪只能吸食后面泌乳量差的乳头，生长速度慢，体质越来越差，最终导致窝内仔猪均匀度较差，断奶窝重低，健仔数不足6头/窝。

【小经验】

一般情况下，初生重较大的个体按照体重大小依次放置在第4对乳腺以后哺乳，初生重中等的个体安置在第1~3对乳腺处哺乳。在实际生产中体重最小的仔猪固定在第3~4对乳头哺乳最佳，而不能固定在第1~2对乳腺处哺乳，因为最小的仔猪往往够不着最前面的乳头。

四、高估教槽料的作用

哺乳期内仔猪所处的特殊生理阶段要求其主要食物就是母乳，而且哺乳仔猪90%以上的增重也源自母乳。哺乳期仔猪采食教槽料很少，对其的消化吸收能力也有限。即便是哺乳期内仔猪的补食量全部转化为仔

猪体增重，也不超过仔猪体增重的10%。此外，母乳含有丰富的营养物质和抗体、未知生长因子，是所有教槽料无法比拟的，再优秀的教槽料也不如母乳。教槽料的作用主要是教导仔猪学会采食饲料，锻炼其胃肠功能，避免断奶后因教槽料采食不佳导致生长停滞或负增长。所以，应避免走入“教槽料吃得越多对仔猪就越好”的误区。

第二节　哺乳仔猪生理特点与死亡情况分析

一、哺乳仔猪生理特点

1. 体温调节机能不健全，对抗寒冷应激能力差

体温调节机能不健全的主要原因有：①新生仔猪肝细胞线粒体很少，利用脂肪和糖类产生能源的能力差。②肝糖原贮备很少，出生后1周龄内糖原异生能力有限，磷酸化酶活性低，糖原分解为葡萄糖的速度很慢，限制了仔猪对葡萄糖的供应。③机体血糖含量少，仅够维持仔猪数小时的需要，不能长时间为仔猪提供能量。④被毛稀少，保温防寒能力差；单位体重的体表面积大，极易丧失体热。⑤皮下脂肪沉积仅为体重的1%，脂肪层薄且大部分是磷脂，用于产热的脂肪几乎没有。

因新生仔猪先天性生理缺陷，导致它们对低温环境十分敏感，一旦暴露在寒冷环境中，很难维持体温恒定，极易受寒冷刺激冻死。刚出生时仔猪体温为39℃，活泼自如。当环境温度低于35℃的临界下线时，仔猪处于冷应激状态，经15~30分钟后体温开始下降，被毛逆立、震颤，最后停止哺乳。若在20℃冷应激环境下，会出现一过性体温调节反应，主要表现为肝糖原分解加快，血糖清除速度增加，血浆儿茶酚胺浓度上升。在12℃冷应激下10~12小时内即表现体温过低和高血糖症。当环境温度在5~10℃时，仔猪的体热散失量最大，体温很快下降到25℃的死症温度。

【提示】

正常情况下，新生仔猪对环境温度的要求比母猪高10℃以上。在临界温度下限，温度每降低1℃时，每千克代谢体重需要多产生25焦/分钟的热量，是体重35千克猪的4倍。因哺乳仔猪与母猪的最适温度不同，仔猪最适温度是指产箱内温度（见表5-3），母猪适宜温度是指产房温度，应维持在18~20℃，不得超过25℃。

表5-3 不同日龄仔猪的适宜温度

出生日龄/天	0~2	3~4	5~6	7~14	15~20	21~30
适宜环境温度/℃	35~36	32~34	30~32	28~30	26~28	26

2. 缺乏先天免疫力，容易患病

新生仔猪出生时体内零抗体，大约出生21天时才仅能产生少量的免疫球蛋白（IgA），这种免疫力状况一直持续到6周龄。出生后0~20日龄仔猪的免疫力主要依靠母源抗体来对抗病原微生物的入侵。出生前母猪子宫内是一个无菌环境，出生时受产道和环境微生物的入侵，迅速建立起原始状态的微生物菌群，既含有有益菌，也含有有害菌。如果产房、设备、母猪清洁消毒不彻底，环境中会存在大量病原菌，这些病原菌对初生仔猪的健康和生命造成极大威胁。再加上分娩时，新生仔猪遭受从水生到陆生，从恒温到变温，从被动营养到主动采食，从被动呼吸到主动呼吸，从被动免疫到主动免疫等一系列应激反应。这些对仔猪生理、心理和免疫系统产生巨大应激反应，使仔猪抗病能力急剧下降，容易患病。

3. 生长发育快，代谢机能旺盛

仔猪阶段是猪一生中生长速度最快、代谢最旺盛的阶段。出生后10日龄时能达初生重的2倍以上，20日龄时达4倍以上，30日龄达5~6倍。充足的母乳是确保仔猪生长发育和健康水平不受影响的核心基础，无论多好的教槽料都无法满足这种需求。

4. 消化系统发育不完善

哺乳期仔猪消化系统尚未发育成熟，具有消化器官不发达，消化腺功能不完善，消化酶分泌不足，胃肠容积小，排空速度快等先天性生理缺陷。仔猪出生后3周内对植物性淀粉和蛋白质的消化能力很有限，40日龄时才具有消化利用简单日粮的能力，10周龄时消化系统和功能才趋于完善成熟。哺乳期内很容易出现消化系统疾患，如消化性腹泻是影响仔猪生长发育和健康的常见疾病。

二、哺乳仔猪死亡情况分析

1. 死亡时间分析

大数据统计分析，哺乳仔猪断奶前死亡率一般在10%左右，管理比

较差的猪场在25%~50%以上。大多数猪场仔猪断奶前死亡率平均为10%~25%。断奶前死亡时间的分布中，约有50%发生在出生后的1~3天，尤其是出生后的36小时内。30%发生在出生后的4~7天，仅有极少部分发生在出生后的2~3周。

2. 死亡原因分析

在哺乳期仔猪的死亡原因中，被母猪压死的约占死亡总数的45%，因饥饿死亡的约占20%，由疾病引起死亡的约占23%。其中，死亡仔猪占比最多的个体是初生重小、活力差、行动不便、哺乳能力差的个体。临床死亡时多表现虚弱、饥饿、寒冷、疾病，死亡多发生在出生后一周内。饿死、意外伤害、下痢、虚弱等都与出生后哺乳不足有明显的关联。受寒冷、挨饿或出生时虚弱的影响，仔猪更容易被压死，多发生在产后3天内。

第三节　提高哺乳仔猪成活率的关键措施

哺乳仔猪饲养管理目标为：成活率在95%以上，3周龄断奶平均体重不低于6.0千克，4周龄断奶平均体重不低于7千克。提高哺乳仔猪成活率的主要管理措施如下。

一、过三关抓三食

1. 过好出生关

母猪临产前一周上产床时体表须清洗消毒，驱除体内外寄生虫一次。准备各种接产用具，对产房、设备、工具等及时维修、调试和全面彻底消毒。当母猪阴道红肿，频频排尿，两侧乳房有光泽、外涨，用手挤压有乳汁排出后12~24小时分娩。分娩前用消毒液清洗母猪外阴和乳房。当仔猪出生时迅速擦干仔猪口鼻和全身黏液，立即将脐带血推向仔猪体内，在距离腹部3~5厘米处结扎并剪断脐带，用碘酒消毒；同时剪牙、断尾后把仔猪放在保温箱内。分娩过程中，若母猪有羊水排出、强烈努责后1小时仍无仔猪排出或产仔间隔超过1小时，即视为难产，应及时人工助产。助产时，须剪平指甲，润滑手臂并消毒，然后随着子宫收缩节律慢慢伸入阴道内，掌心向上，五指并拢。抓住胎猪的两后腿或下颌部，在子宫扩张时，开始向外拉仔猪，努责收缩时停下，动作要轻。拉出仔猪后及时帮助仔猪呼吸。助产后向阴道内注入抗生素，以防发生子宫炎、阴道炎。对难产的母猪，应在母猪卡上标注发生难产的原因，以便下一产次正确处理或作为淘汰鉴定的依据。待母猪生产结束，仔猪体表干燥后，帮助仔猪及时吃上初乳，固定乳头。保证仔猪在出生后6小时内吃初乳3~4次，每次15~20毫升，总量为60~80毫升。仔猪吃初乳前，每个乳头挤掉最初的1~2滴奶，以防被污染。

生产中仔猪哺食初乳应用较多的方法有分群摄入、仔猪定位、人工寄养三种。分群摄入是根据新生仔猪个体大小、活力强弱分类，轮流摄食初乳，减少强壮仔猪的争抢压力，让弱小新生仔猪优先摄入初乳，个体较大的仔猪后摄入。为保证给予母猪乳腺足够的刺激，促进泌乳，每次哺乳仔猪不少于8头。仔猪乳头定位是按仔猪初生重、活力大小与不同泌乳力的乳头合理对接并固定，帮助仔猪找到适宜的乳头，可有效解决仔猪初生重、活力不均与乳头泌乳量不一致之间的矛盾，避免初生重大、活力强的仔猪抢到泌乳量好的乳头，初生重小、活力弱的仔猪能吸吮泌乳量差的乳头，导致弱小的仔猪更弱、发育更慢、体质更差、死亡率更高。人工寄养是由于母猪奶水不足、同窝仔猪之间体重差异较大、新生仔猪的数量多于母猪有效乳头数、母猪患病无乳等情况，将新生仔猪寄养给分娩时间接近、带仔少的母猪。要求两者的分娩时间应在3天内，被寄养的仔猪须先摄入自己母亲初乳50毫升后再寄养，因为仔猪只有摄入自己母亲的初乳才能建立有效的细胞免疫。

2. 过好补料关

母猪的泌乳高峰在产后21天，之后泌乳量开始减少，而仔猪的生长速度却越来越快。为了满足3周龄后仔猪快速生长所需的营养，弥补因母乳供给不足导致的营养缺乏、生长发育受阻、健康不佳等问题，必须尽早给仔猪补饲。补饲还能起到锻炼仔猪胃肠功能，刺激消化酶分泌，增强蛋白酶活性，降低断奶应激综合征的作用。

过好补饲关须把握好“诱食、开食、旺食”的时机。出生6~7日龄的仔猪开始长出臼齿，牙床发痒，常离开母猪单独行动，特别喜欢啃咬垫草、木屑等硬物，并有模仿母猪行为，此时是开始诱食的最佳时间。在10~15日龄时开食，20日龄达到旺食，断奶时仔猪已完全能够独立生活。补饲的关键在“教”，而不在于“吃”多少。常用补饲方法有涂抹法、强制补饲法和干湿二槽法。涂抹法是将教槽料调成糊状，在母猪每次放奶前涂于乳头处，同时在仔猪活动的地方放置补饲的饲料。仔猪会寻找吃奶时品尝到的饲料味道，并开始尝试采食，但注意要及时擦拭、清洗和消毒乳房。强制补饲法是用左手抓住仔猪颈部，以拇指和食指卡住两边嘴角，迫使其张开嘴巴；右手用小勺子或竹片把糊状饲料放置在仔猪舌根处，然后松手让其咽下；同时，在仔猪活动的地方放置补饲的饲料。每天训练3～4次，每窝强制补饲3～4头即可。反复2～3天后强补的个体很快采食少量的饲料，其他仔猪会相继模仿采食。干湿二槽法（见彩图17）是将教槽料用温水按料水比1∶5的比例混合成类似于母乳的状态（以后逐步变换比例为1∶3、1∶2，最后全部换成干料），然后把教槽料散在比较明显的位置，以便仔猪采食。因仔猪对周围环境因素比较敏感，再加上教槽料有独特的香味，很快个别仔猪会品尝教槽料，其他仔猪也会跟着模仿采食。通过上述方法，绝大部分仔猪能够在诱食7～10天主动开始采食饲料，再过7～10天就能很好地在断奶时到达旺食的效果。

补饲的教槽料应选择营养成分接近母乳成分、适口性好、易消化、没有抗生素的产品。料槽应放在光线充足、位置明显的地方，以便于仔猪采食。同时，要提供足够清洁的饮水。

3. 过好断奶关

断奶是离乳仔猪最难渡过的生死难关。离乳仔猪出现采食下降或厌食、食欲废绝、腹泻、生长缓慢、停滞或负增长等现象，俗称断奶应激综合征。教槽不佳的问题窝，断奶时往往有50%的离乳仔猪表现为：断奶后1～2天不吃或很少吃饲料；第3天饿急了，猛吃；第4天吃进去的饲料消化不良，开始营养性腹泻；第5～7天腹泻加剧并伴随病原微生物感染，死亡率陡然增加。勉强留下来的仔猪严重掉膘、快速消瘦，食欲基本废绝，脏器、组织功能严重受损，贫血，免疫力直线下降。加之离乳仔猪消化系统不发达，功能不健全，肠道微生物区系脆弱，免疫系统处于空窗期和断奶应激，以及大剂量抗生素治疗等一系列不利因素的影响，40%的仔猪很难渡过断奶关。事实上，一窝临近断奶的仔猪中常常仅有约30%的仔猪教槽较好，基本上可以达到旺食，可直接断奶；有约30%的仔猪对教槽料有所接触，远没有达到旺食的程度，断奶后多多少少会存在一些问题；约有40%的仔猪对教槽料的认识是空白的，根本不会吃，临床多表现为腹泻、消瘦。

降低断奶应激综合征的发生，防止离乳仔猪逆生长，提高断奶后离乳仔猪的采食量，是轻松实现断奶过渡不减食、不拉稀、不掉膘，断奶10天内日增重300克以上，成活率95%以上的关键措施。

首先，对教槽不佳的问题窝，断奶后3天内严格控制饮水，夏天可适当缩短控制饮水时间，旺食仔猪可相应缩短控制饮水时间。目的是通过控制饮水使仔猪产生渴欲，促使断奶仔猪采食湿料。具体操作方法是：仔猪断奶后立即断水6小时，在断水6小时后仔猪产生渴感，此时放入装有1∶5比例冲泡好的“教槽料”。仔猪第一次喝，往往有一个适应过程，头次冲泡数量不宜太多，以1～2小时喝完为准，间隔3～4个小时再饲喂一次，每天5～6次。一般到断奶的第2天下午仔猪就很喜欢喝，第3天开始特别会喝，有饱腹感。第4天开始自由饮水，同时料水比从1∶5逐渐降为1∶3～1∶2。在整个过程中干槽不断料，少喂勤添，每日饲喂4～6次。断奶开始的5～6天只喂到七八成饱，一周后逐步过渡到自由采食。此法对于仔猪教槽较薄弱的猪场有很好的改善效果。

其次，加强离乳后3天内仔猪的饲养管理。杜绝体重不达标的仔猪断奶，体重达标标准为：3周龄仔猪体重大于或等于6千克，4周龄仔猪体重大于或等于7千克。对哺乳时间小于20天、教槽不到位、猪群健康状态不稳定的问题窝不断奶。离乳仔猪在管理上坚持继续使用原教槽仔猪料1周不变，1周后逐步过渡为仔猪前期料。把母猪赶下产床断奶时，留仔不留母，仔猪原窝、原圈饲养最低1周时间。断奶后1周须提高舍内温度1～2℃，保证充足清洁饮水，补充抗应激提高免疫力的多维、维生素C、微量元素和维持肠道健康与健胃助消化的微生态制剂、寡糖类、健胃散等保健品。其他饲养管理的环境条件不变，避免增加新的应激源。每天定时检查猪的采食、饮水、健康情况。训练仔猪三点定位，保持猪舍清洁干燥；注意保温和通风换气；及时清除粪、尿，处理病、残、死猪。对精神状态抑郁、蜷缩在角落、不爱活动、体况消瘦、腹部缩瘪、没有采食行为、眼窝深陷、喜欢扎堆的仔猪及时采取补救措施。

二、抓三补促三防

1. 补铁、补硒、补水

补铁、补硒、补水是促进新生仔猪健康生长的又一关键措施。仔猪

出生时体内铁储量约为50毫克，只能维持3~5天的生长需要。因母猪采食铁的量对猪乳中铁的含量不产生影响，因此，仔猪出生后1~2天必须补充外源铁，否则会因为缺铁影响生长发育。目前，规模猪场普遍采用通过肠胃外途径提供外源性铁，在出生后前2天，每头仔猪单次肌内注射150~200毫克葡聚糖铁、右旋糖酐铁或葡庚糖酐铁。因为仔猪不能完全吸收补充的铁制剂，所以在10~14日龄再补铁一次。给妊娠期母猪补充氨基酸螯合铁可增加母猪和仔猪血液、内脏器官、肌肉组织等中铁的含量，出生后能达到肌内注射补铁的效果，即出生后不需要再补铁。补铁的同时，注射亚硒酸钠维生素E 0.5毫升，可以提高仔猪抵抗力。

仔猪的生长速度、健康状况与饮水量密切相关，饮水量大的仔猪生长速度快，健康水平好。母乳中的水不能完全满足仔猪快速生长发育的需要。自然状态下哺乳仔猪每天饮水时间约2.5分钟，饮水10次，平均每次饮水15秒。由于乳头式饮水器压力较大，不利于仔猪饮水，大部分仔猪只是尝试玩耍，实际饮水量极少，有30%~35%的水都被浪费掉了。在产箱周围放置杯式、碗式饮水器有利于保证仔猪充足饮水。

2. 防冻、防压、防病

因母猪行动笨拙、迟缓，躺卧时若仔猪躲闪不及很容易被压死。仔猪85%的压死、踩死发生在出生后的3天内，90%的冻死和饿死发生在出生后的前4天。被母猪挤压死亡的新生仔猪中，大部分是弱小、活力差、体质虚弱的仔猪。因其行动不便，哺乳能力差，营养不良、饥饿是遭挤压死亡的主要原因。对于初生重小、体质虚弱，争抢无力的仔猪，体内血糖会迅速消耗殆尽，仔猪出现反应迟钝、虚弱惊厥、昏迷等症状，会因饥饿能使仔猪很快陷入低血糖休克而死亡。因此，加强出生后头4天内的新生仔猪护理尤为重要。针对弱仔、产程长、活力差、出生顺序靠后的仔猪、分娩仔猪数太多超过母猪有效泌乳乳头数等情况，加强出生后6~8小时的看管和护理，充分满足新生仔猪对温度的要求，保持温度稳定，防止温差过大，忽冷忽热，是防止仔猪受冻、挤压、挨饿，降低死亡率的重要保障。优化新生仔猪摄入初乳的管理，及时让仔猪吃上、吃足初乳，并辅助人工哺乳，是提高初生仔猪成活率的关键措施之一。因为仔猪吃不到初乳很难成活，摄入不足或吃得过晚时仔猪抗病力减弱，容易患病。

三、提高仔猪初生重

初生重、活力、均匀度与仔猪的存活率密切相关，初生重越小，死亡率就越高，初生重越大，增重越快，死亡率就越低。由于胎儿初生体重的2/3是在妊娠后期1/3时间发育形成的，特别是妊娠第13周至分娩前是胎儿增长最快的时段，也是胎儿体能储备的关键时段，需要充足的能量、蛋白质供胎儿快速生长发育。因此，应加强妊娠后期，特别是妊娠95天后的攻胎饲养，确保初生重平均在1.4~1.6千克。可在攻胎期营养的基础上适当添加脂肪、特殊氨基酸，以提高初生仔猪的体脂储备，提高奶水中的乳脂含量，进而提高仔猪初生重、活力、均匀度，减少弱仔和仔猪死亡。

四、减少产房 “掉队猪”

哺乳期由于多种原因（特别是感染疾病）造成仔猪生长速度缓慢，甚至停滞成为“僵猪”，体重明显低于同龄哺乳仔猪，这样的仔猪俗称“掉队猪”。“掉队猪”体重偏小、体质虚弱、成活率低下。“掉队猪”是易感猪群，极容易感染疾病，也可能是带毒猪，排毒传染给其他健康的猪只，常成为猪场疫病流行环节中的易感动物，给猪场疫病的防控带来很大压力，严重影响猪场生产指标和经济效益。

减少产房“掉队猪”主要有以下方法。首先，加强妊娠期母猪的饲养管理，提高仔猪初生重，减少出生弱仔，对初生重不足800克的仔猪坚决淘汰。其次，提高母猪泌乳力，加强哺乳仔猪的饲养管理，减少产房弱仔。最后，实行“全进全出制”，减少仔猪与病原菌接触的机会。对产房彻底清扫、冲洗、消毒、干燥，空圈至少一周再进下一批母猪。

五、适时断奶

适宜的断奶日龄是减少断奶仔猪死亡的关键节点。断奶日龄的确定至关重要，切忌不加分析，不切实际，盲目照抄照搬，应视本场生产条件和猪群的基本状况综合考虑。

首先，断奶时应重点聚焦仔猪体重指标而非年龄。更确切地说，是与年龄相匹配的体重，即断奶重是断奶后仔猪饲养成功与否的重要指标。因为只有断奶仔猪体重足够大、有足够强的活力，才能确保断奶仔猪的存活，才能保证仔猪断奶不掉膘、快速生长。不要盲目追求早期断奶增加母猪年产仔窝数，而是在保证仔猪断奶后能够正常生长发育的前提下，再考虑提高母猪周转率。生产实践证明，21 日龄仔猪体重不低于 6 千克，28 日龄仔猪体重大于或等于 7 千克时断奶，更容易成功。断奶体重越大，成功的概率越高，母猪重新进入下一生产周期也更容易。其次，由于母猪的饲养费用越来越高，断奶时必须充分考虑母猪的可利用服务年限，以提高母猪的服务天数来弥补因更换母猪而产生的高额成本，并在此基础上判断仔猪的断奶体重，把断奶后生长受阻降低到可控范围内。最后，断奶仔猪需要高度专门化的营养，性能优良的硬件培育设施，以及良好的环境条件，还需要高素质的饲养员，以及员工高水平的管理技能、经验、方法。

一般情况下，母猪泌乳期越短，断奶至发情间隔越长，每减少哺乳期 10 天，断奶至配种间隔最少增加 1 天。如果将泌乳期由 18 天缩减至 12 天，会对窝产仔数产生轻微的影响；若泌乳期由 18 天延长至 28 天对窝产仔数没有影响。但哺乳时间低于 18 天，尤其是一胎母猪，会导致断奶发情间隔延长。当泌乳期小于 21 天时，母猪卵巢、子宫功能没有完全恢复，不能很好地为下一个生产周期做准备，表现为发情紊乱、乏情、发情间隔延长、配种后胚胎高死亡率、受胎率和产仔数降低。这会缩短母猪的服务年限，降低母猪利用率，大大增加更换母猪带来的成本。若高于 28 天的哺乳期，则会延长胎间隔。目前，许多欧洲国家考虑到动物福利，立法规定禁止仔猪 21 日龄以前断奶，还有些国家禁止仔猪 5 周龄以前断奶。

目前，在猪场的硬件和软件都具备的前提下，兼顾仔猪断奶成活率和断奶后母猪的繁殖效率，最佳经济断奶时间是 21～28 日龄。这个时间断奶既能保证母猪生殖器官恢复正常，缩短断奶间隔，提高经产母猪断奶 7 天发情率和服务年限，又能提高产仔数，降低仔猪生产成本。

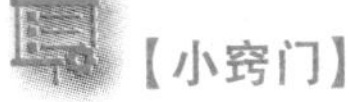

【小窍门】

个体断奶法是在断奶前，先取走个体大的仔猪，让体重小的仔猪获得更多的母乳。该方法的优点是减少了母猪吸乳刺激，缩短发情间隔约 1 天；减少断奶时体重轻的仔猪数量，增加断奶窝重，提高断奶后仔猪总的生产水平。具体方法为：在断奶前 7 天左右取走窝中一半仔猪，余下仔猪不得少于 6 头，以维持吸乳刺激，防止母猪断奶前发情。

六、科学预防疾病

1. 预防母猪因素对哺乳仔猪疾病的影响

在影响产房仔猪健康状况的因素中，母猪的输入性传导作用不容忽视。母源抗体和免疫活性细胞不会经胎盘传递，仔猪必须从初乳中获取。如果母乳质量差，母源抗体不足，新生仔猪得不到母源免疫力保护，就容易患病。若母猪隐性带毒或感染疾病、霉菌毒素中毒以及氧化应激产物存在，则炎性因子会转移至母乳中（炎性乳），仔猪吮吸乳汁后导致炎性产物中毒而发病。另外，哺乳母猪在采食量不足，无法满足泌乳需求的情况下，会大量消耗体脂肪产生酮体（在肝脏中，脂肪酸氧化分解的产物乙酰乙酸、β-羟基丁酸和丙酮，统称为酮体），分娩时葡萄糖无氧酵解产物也是酮体。大量的酮体很难被机体自身代谢，会随乳汁排出，导致仔猪腹泻。因此，应加强妊娠后期和哺乳期母猪的饲养管理，制定适合本场实际情况的免疫计划，提高母猪特异性免疫和非特异性免疫，做好生物安全措施，避免母猪的不利因素通过母乳向仔猪传导。

2. 科学预防仔猪腹泻

仔猪死亡中约19%是由疾病引起的，其中腹泻和消化障碍占大部分，特别是初生7天内腹泻比例可高达80%以上。日常生产中，人们往往把治疗的重点放在流行性腹泻病毒、大肠杆菌、沙门菌等疾病性原因，忽视了提高仔猪的抵抗力和增强仔猪体质，导致治疗效果不理想。治疗过程中大量使用药物，造成了不必要的经济损失，对仔猪的健康也有很大伤害。仔猪腹泻的防控应该把主要精力集中在“围绕如何精细化管理好产房仔猪”方面，过好三关，抓好三防。通常，断奶仔猪腹泻的发病与断奶应激综合征密切相关，有效促进消化系统发育和激活免疫系统是抗应激、促免疫、防发病、助消化、促生长与防腹泻的最好办法。

在预防仔猪腹泻的措施中，健康的肠道菌群可以增强仔猪肠道的结构与功能完整性，对抵抗感染、抵御外来病原菌感染具有重要作用。仔猪出生前胃肠道是无菌的，出生后3～4小时，肠道内就可检测出细菌。出生1周后，其肠道内可形成定型菌群，优势菌为厌氧菌（有益菌），占99%以上，而需氧菌和兼性厌氧菌（有害菌）只占1%。8～22日龄时，肠道内双歧杆菌、类杆菌、乳杆菌、大肠杆菌和消化球菌占优势。有益菌和致病菌在肠道内处于一种动态平衡的状态。一旦这种动态平衡状态被破坏，仔猪就会出现消化功能紊乱，进而表现出发育不良、免疫力低下、腹泻等一系列问题。当机体处于健康状态时，微生物菌群处于平衡状态，添加再多的有益菌也无用。若机体受到应激或是处于疾病状态，菌群平衡就会打破，通常的变化就是有害菌增多，有益菌减少。在这种情况下，我们没有办法抑制有害菌增加，此时添加抗生素，会使有害菌与有益菌均处于抑制状态，菌群失衡。此时添加有益菌会促进菌群恢复到平衡状态，从而促进机体健康。

第六章
加强母猪日常饲养，向管理要效益

管理是猪场的核心，没有管理，再好的品种，再合理的营养，效益都等于零。如果猪场管理跟不上，原本旨在改善母猪繁殖性能的选育结果，但最后反而降低了母猪的采食量，减少了分娩时的营养储备，增加了母猪对应激的敏感性，降低了母猪的适应能力。当环境因素变化超出母猪遗传反应范围时，对母猪繁殖性能和健康状况有着极为不利的负面影响。所以，现代基因型母猪对日常管理提出了新的要求。

第一节　母猪该不该限位饲养

一、母猪限位饲养的优势和缺陷

1. 限位饲养的优势

母猪的单体限位饲养模式，起源于20世纪80年代兴起的工厂化养猪。最初该饲养模式应用于生长育肥猪的饲养，特点是一猪一栏，减少猪的活动，降低育肥猪能量消耗，节约了饲料，缩短了育肥期。后来该饲养模式引入到母猪饲养管理中，其主要优点是方便饲喂管理和机械化操作，可根据母猪生长发育、膘情对每头母猪增减饲料，提高工作效率，减小劳动强度；便于发情鉴定与配种，便于膘情控制；有利于健康检查和卫生防疫消毒；具有节约大量土地资源，减少投资成本和提高场地使用率等优点。当时，该饲养模式得到了养猪界的高度认可，并推广应用。

2. 限位饲养的缺陷

经过30多年的实践探索发现，限位饲养除了便捷的流水作业管理外，并没有提高母猪的繁殖成绩和效率，反而对母猪的健康造成了一定程度的伤害，导致生产性能下降，利用年限缩短，死淘率升高，对生猪生产系统产生了整体的负面效应。

（1）影响母猪肢蹄健康　四肢发达健壮是决定母猪利用年限的一个

重要限制性因素，长期饲养在限位栏里的母猪无法运动，严重影响肢蹄健康。由于限位饲养，母猪缺少活动，骨骼和肌肉组织的生长发育受到制约，导致母猪的骨骼和肌肉发育不能同步协调。特别是仍处于发育期的1~2胎次母猪，常常出现后肢软弱和多种肢蹄病，部分母猪很难坚持到3胎次以上就惨遭淘汰，即使有幸留存下来的母猪也是肢蹄问题不断发生。妊娠后的母猪被固定在2100毫米×1000毫米×600毫米的限位栏内，为了采食、饮水常将四肢集于腹下，长期如此形成后肢无力，很难承受妊娠后期硕大的体重。随着胎次的增加，母猪的体重也在增加。在极为狭窄的空间很难饲养4胎次以上的母猪。

另外，限位栏后部漏缝地板的缝隙宽度一般约2厘米，这种宽度对母猪蹄冠损伤很大。较大的间隙容易清理粪便，但母猪蹄部容易陷入缝隙中，造成蹄部磨损、挫伤、压伤，甚至骨折。有的限位栏后部地板为全实心，能够有效地防止蹄部损伤，但母猪后躯易受尿、粪污染，后肢蹄部易感染、化脓，形成变形蹄，甚至丧失生产力被淘汰。若实心部分过于光滑，还容易引起后肢外展，内侧蹄踵炎。如果地板比较潮湿，沾在蹄部的粪便、尿液会增加蹄冠（蹄部与发线交接处）损伤部位的感染率。虽然蹄冠损伤不是最常见的肢蹄损伤，但它也是导致母猪高淘汰率的直接因素之一。

（2）母猪心肺功能下降 限位栏如同牢笼，限制了母猪的自由运动，使母猪的身体发育受到极大的摧残，特别是心肺功能得不到应有的锻炼，心肺功能下降、发育不全，心肌弹性差、血液循环不畅。正常母猪心脏重量约为体重的0.28%，而长期生活在限位栏内的母猪，剖检时发现心脏重量多在0.5千克左右，不足体重的0.25%。还有部分母猪心脏重达2千克左右，并明显出现心脏扩张，肺瘀血症状。因心力衰竭死亡的母猪数占到总死亡率的31%以上。这些都充分证明限位栏对母猪心肺组织的生长发育和功能具有极强损害作用。

（3）母猪患病概率增加 长期生活在限位栏的母猪，神经、体液调节能力减弱，对脏器组织、免疫、生殖系统和胎儿造成损害，导致母猪的健康与生产性能有不同程度的下降。限位饲养使母猪缺乏运动，采食量不足，生长发育和新陈代谢受到限制，对复杂的环境适应能力变差；对高温热应激反应大，散热能力差，这对配后1个月内的母猪和临产母猪的危害更大；母猪后躯易被粪尿污染，加上尿路较短，泌尿生殖系统疾病感染概率大幅度增加；长期饲养在限位栏内的母猪，妊娠后期便秘增多，产程延迟的比例明显升高，从而增加了产后感染的机会。

（4）母猪繁殖力下降 正常情况下，限位饲养的母猪利用率低于25%，窝产仔数、活产仔数、终身产仔数低于群养母猪。限位饲养的母猪与群养母猪相比，后备母猪发情难、发情晚、发情不明显，对公猪刺激反应不强烈。经产母猪断奶后，发情延迟或乏情，发情间隔延长，配种受胎率、分娩率低下。限位饲养缺乏运动导致母猪荐坐韧带、腹肌、膈肌发育不良，营养储备不足，得不到锻炼，分娩时腹肌、膈肌努责无力。大部分母猪在正常产出几头仔猪后就停止努责与阵缩，导致产程延长或滞产、难产，产弱仔、死产比例增多。

（5）剥夺母猪福利 目前，国际公认由英国农场动物福利委员会推荐的母猪福利五项基本原则：免于饥渴和营养不良的自由，随时能够采食安全优质饲料和饮用清洁干净的温水；享受舒适环境的自由，拥有适宜的环境条件；免于痛苦伤害和疾病威胁的自由；生活无恐惧和悲伤的自由；表达天性的自由。显然，限位饲养剥夺了母猪的福利。

二、群养模式和小群半限位饲养模式

规避限位饲养对母猪产生的伤害，实现福利饲养，行之有效的方法是让母猪回归自然养殖状态。群养可以满足母猪的生理和行为习惯，有利于繁殖性能的提高，也符合动物福利要求。事实证明，在群养模式下，母猪可达到非常好的生产水平。但母猪饲养从当前的限位饲养模式转型到群养模式，不仅仅要求猪场设施上的转变和饲养方式的改变，更重要的是饲养理念和管理方式上的质变。群养管理系统是以猪为本的管理理念，是将母猪的福利放在饲养管理的首位，充分满足它们的社交行为和运动习性，要求最小饲养空间大于2.25 米^2/头，经常接触泥土。

目前，国外母猪大群饲养正逐步采用智能电子饲喂站管理模式，这种模式投资大，适合于国家土地富裕，大型集约化、规模化养猪集团。小群半限位饲养模式比较适合我国的实际情况，基本能达到母猪福利饲养，可大幅提高母猪繁殖性能。小群半限位饲养以4~6头为一群，平均每栏饲养5头最佳。在一个产仔周期中，母猪在妊娠早期0~30天单体限位，确定妊娠后转入小群半限位饲养栏内。产仔哺乳期上产床限位饲养3～4周，其余时间采用小群半限位饲养。其优点是节约大量土地，便于观察和精细化管理；母猪活动量充足，采食充足；保证母猪和胎儿正常生长发育、健康状况良好；母猪间能相互亲密接触，心理发育健康；产程正常，减少死胎和难产；对于预防便秘，减少母猪肢蹄病的发生起到良好作用。

第二节　降低母猪肢蹄病

一、跛足及其危害

母猪蹄趾损伤在现代化养猪生产中是比较常见的问题，与跛足之间有很强的关联性。蹄趾损伤主要包括蹄壁损伤、蹄跟损伤（见彩图18）、蹄裂（见彩图19）、蹄跟过度生长、蹄跟-蹄底连接线裂和趾裂。不同程度的蹄趾损伤均可能导致损伤部位的细菌感染，并进而扩散到关节部位，导致跛足。同时，损伤部位释放促炎性细胞因子，导致母猪厌食。轻度和中度蹄趾损伤可能不会造成母猪明显疼痛，但严重蹄趾损伤可导致母猪疼痛，不愿站立和行走，采食量下降或厌食。哺乳母猪蹄趾损伤会延长发情间隔，妊娠母猪蹄趾损伤会降低妊娠率和胚胎存活，从而引起母猪繁殖性能下降、治疗费用增加和提早淘汰。

二、跛足的原因

猪的蹄、肢等与地板接触的部位容易受到损伤，地板质量、类型与蹄病发生率密切相关。粗糙的地板表面会增加母猪蹄趾结茧和过度磨损的风险。饲养于水泥全漏缝地板的母猪比饲养于全水泥实地板的母猪跛足率更高。太光滑的地板表面使母猪容易摔伤、骨裂，并可能导致蹄趾磨损不足和蹄趾过长（见彩图20）。潮湿和肮脏的地板会软化蹄壳和皮肤，加大了它们受到损伤和感染的风险，也容易导致母猪滑倒和摔伤。母猪的皮肤和脂肪层厚度、蹄甲的厚度，也可能影响蹄趾损伤的发生。这些因素随母猪年龄、品种、营养、体况等不同而异。体重过大的母猪会增加蹄趾损伤的风险；深色蹄甲的猪患蹄趾损伤的风险较低，因为这种蹄甲中沉积的矿物含量较高。此外，散养猪群往往通过打斗建立等级序列，从而增加跛行的发病率。

微量元素锌、铜、锰及生物素H的营养作用对蹄甲的结构、质量和完整性具有重要作用，影响母猪跛足的发生率。日粮中微量元素含量不足、配比不平衡，或者微量元素之间相互干扰，都会降低各种微量元素的吸收利用率，可导致蹄甲质量不佳，使蹄部易受来自周围环境的物理、化学因素和微生物的损害。缺铜容易产生蹄跟裂、腐蹄、蹄底脓肿。

三、降低肢蹄病的主要措施

母猪蹄趾损伤和跛足的预防意义远大于治疗，一旦需要治疗，生产性能早就已经受到影响。日粮中添加复合有机锌、铜、锰等螯合物可降低蹄后跟糜烂、蹄后跟增生和蹄白线病，有助于降低母猪肢蹄病发生率。妊娠和哺乳期间，对钙的需求量增加，如果长期缺钙，母猪骨骼硬度下降，易导致母猪骨折。防止母猪圈舍地板过于粗糙或光滑，保持圈舍安静，避免猪只间的打斗，加强运动等措施都可降低母猪肢蹄病的发生。

第三节　母猪膘情管理

母猪70%的脂肪存储在皮下脂肪组织中，背膘厚度和体脂含量密切相关，是母猪营养状况和能量储备的外观真实表现，能客观反映母猪体况。不同生理阶段、年龄、胎次、营养、管理等因素影响母猪的膘情，膘情的变化又影响母猪的周转率、繁殖性能、利用年限和猪场效益。当背膘储存过低时，母猪一系列生理活动受到限制，繁殖性能下降，健康不佳。当背膘储备过多时，母猪肥胖，浪费饲料，心、肺、肢蹄负担增加，更怕热应激，激素分泌失调，繁殖性能下降。

一、膘情管理误区

目前，绝大多数猪场母猪背膘管理存在误区，导致的经济损失难以估量。一是对母猪背膘缺乏足够的认识。知道母猪的繁殖成绩不佳，但始终不认为是背膘导致的，结果种猪群中大量存在过胖或过瘦的母猪。大量的生产实践证明，后备母猪配种前背膘厚度在16~20毫米、经产母猪背膘厚度控制在18~22毫米时，有利于产活仔数和初生窝重。分娩前背膘厚不利于产活仔数，但有利于21天窝重。1~2胎次母猪分娩时背膘厚小于或等于24毫米、3~4胎次分娩时背膘厚小于或等于22毫米、

5～6胎次分娩时背膘厚小于或等于20毫米时，以后胎次的繁殖性能最佳。若分娩前母猪背膘厚度大于25毫米，对繁殖性能不利。哺乳期背膘损失多的母猪对下一胎次繁殖性能会产生不利影响。当哺乳母猪断奶时背膘厚度在17.5～22.5毫米，有利于缩短发情间隔，提高下一胎次繁殖性能；断奶时背膘厚度小于14毫米时，会导致发情延迟。当断奶母猪背膘厚度损失大于5.5毫米时，将影响发情间隔和下一胎次的繁殖性能。二是对背膘管理重视不够，忽视日常背膘的检测和预警管理。产仔前母猪的背膘厚可以作为本胎次生产性能的一个良好预测指标，其预测准确性优于体重的预测结果。当母猪的背膘厚达到某一临界状态时，母猪会迅速降低代谢体脂的速度。泌乳期内背膘损失过多的母猪，会在下一个妊娠期内快速增重而恢复背膘，结果会诱发激素失衡，从而导致胚胎死亡、窝产仔数减少。三是背膘管理方法误区。背膘管理的重心是监控采食量，采食量多少决定了母猪日摄入营养物质总量的多少。另外，缺乏本场不同生理阶段母猪的采食量数据，缺乏科学的饲粮设计（特别是能量和氨基酸浓度）和正确的饲喂策略。

二、膘情评判方法

1. 目测评分法（BCS）

目测评分法是英国养猪专家John Gadd于1980年创建的。在实际生产过程中，通过目测母猪尾根部、臀部、脊柱、肋骨处的脂肪存积量和肋骨的丰满程度来判断母猪的肥度（见图6-1、表6-1）是否适宜。该方法的优点是简单、易行；缺点是不能准确地判断母猪的背膘，误差较大。使用该方法母猪年产仔数可增加1～2头，节约饲料约100千克/(头·年)，一生多产一胎。

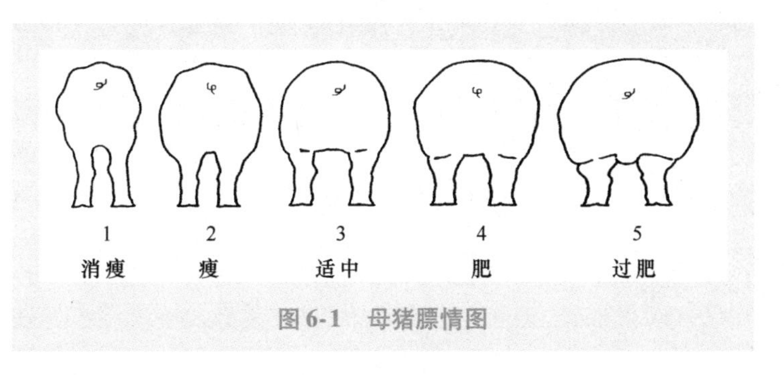

图6-1 母猪膘情图

表 6-1 目测评分法判断母猪体况的依据

体型分数	体型	背膘厚/毫米	髋骨位置	外观形态
5	过肥型	>25	触摸不到	圆形
4	肥胖型	20	触摸不到	基本圆形
3	标准型	18	易触摸到	椭圆形
2	偏瘦型	15	肉眼可观察到，容易触摸到	倒锥形
1	消瘦型	<14	肉眼可见	露出肋骨/脊柱

2. 背膘测定法

背膘厚度可用仪器测定，以数字量化表示母猪体况，可减少不必要的误差。目前，国际上通用做法是测定母猪最后一根肋骨距背中线 6.5 厘米处（即 P_2点）的背膘厚度（见彩图 21）。常用的超声波测膘仪有 A 型和 B 型。A 型属于单晶体结构接受声波，准确率低于 B 型。B 型属于多晶体结构接收声波，能实时、快速、准确地反馈声波形成清晰图像，准确率较高。具体操作步骤为首先给测量部位剪毛，将探头平面、探头模平面和测量部位涂上菜油；其次将探头及探头模与测量部位接触，同时观察调节屏幕，获得理想影像时冻结影像；最后记录详细资料，如测量时间、猪号、性别、背膘值等。

三、不同生理阶段的膘情管理措施

不同生理阶段母猪背膘管理参考值见表 6-2。

表 6-2 母猪背膘关键时间点控制参考值

后备母猪	时间点/天	150	230	妊娠 0~30	妊娠 31~75	妊娠 76~95	妊娠 110	哺乳 21
	控制值/毫米	11~12	17~18	≥18	20	20	≤22	≥18
经产母猪	时间点/天		配种	妊娠 0~30	妊娠 31~75	妊娠 76~95	妊娠 110	哺乳 21
	控制值/毫米		16~18	16~18	≥18	≤20	20	≥16

1. 后备母猪的膘情管理

后备母猪背膘管理主要指进入繁殖群后的背膘管理。进入繁殖群后，母猪不同情期相对应的背膘和变化情况见表6-3。后备母猪的膘情与初情期时间密切相关，要求进入繁殖群的母猪第一情期目标背膘厚度大于或等于11毫米、体重100千克，第二情期目标背膘厚度为14～15毫米、体重116千克，第三情期目标背膘厚度为18～20毫米。当入群时背膘厚度为12～13毫米时，初次发情平均日龄最早；背膘厚度小于10毫米或大于13毫米时初情期最晚。定期测定背膘，根据膘情要求及时调整营养水平和饲喂量，对保持母猪最佳繁殖性能具有重要意义。

表6-3　后备母猪的背膘厚度

后备母猪	背膘厚度/毫米
进入繁殖群时（约100千克、150日龄）	11～12
在繁殖群内增长	4～6
配种时	16～17
妊娠期增长	3～4
分娩时	18～20 避免 <16 或 >23

2. 妊娠母猪的膘情管理

（1）妊娠期母猪背膘要求及其注意事项　妊娠期母猪的膘情管理对母猪产仔性能、哺育性能及以下各胎次繁殖性能、耐用期限等影响很大，是猪场管理中最容易轻视、问题最多的阶段。因为妊娠期母猪的膘情变化相对其他任何阶段更为复杂，既要考虑妊娠初期受精卵着床关键期和乳腺发育关键期背膘的控制，又要兼顾妊娠中前期膘情恢复的最佳时间，以及妊娠后期胎儿和乳腺的迅速生长发育对膘情的需求，还要满足分娩和哺乳期储备营养对背膘的要求。妊娠期母猪过肥会导致产仔数减少、产仔质量下降、产程延长、难产、哺乳期采食量下降等问题，膘情太差同样会影响上述生产性能。因此，要定期监测妊娠母猪膘情，保持妊娠母猪各生理阶段良好的背膘和饲喂水平，以确保母猪在进入分娩舍时不会储存过多的脂肪，也不会体储过低。

（2）妊娠期饲喂管理对膘情的影响　妊娠期母猪不同生理阶段膘情变化与饲喂管理有着密切的关系，随着饲喂水平和饲喂策略的变化，妊娠母猪的背膘也相应地发生变化。因此，可根据妊娠期不同阶段母猪增重及胎儿、乳腺、分娩体储对背膘值的要求来确定饲喂量，以免妊娠期母猪过肥或过瘦而影响其繁殖潜能和效率。对于配种体况偏瘦的妊娠母猪，膘情的最佳调整时间是在妊娠31天开始，饲喂量可增加至2.8～3千克/天；对于配种体况消瘦的母猪饲喂量可增加至3.5千克/天，并持续60天。饲喂量的计算方法如下：

日维持需要能量＝460.24×（增重/2＋母猪调整前的体重）$^{0.75}$

日背膘调整需要能量＝（调整目标背膘－调整前背膘）×5千克/毫米×20.92兆焦/千克÷调整天数

日胎儿及其附属物增重能量＝胎儿增重×20.92兆焦/千克÷增重天数

母猪日饲喂量＝（日维持需要能量＋日背膘调整需要能量＋日胎儿及其附属物增重能量）÷饲料能量

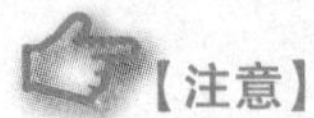
【注意】

妊娠期母猪增重由两部分组成：一是妊娠期母猪本身的总增重，约11.6千克，包括子宫增重约3.2千克，乳房增重约3.4千克，母猪自身增重5千克。根据饲养标准，母猪背膘厚每增加1毫米，其体重增加约5千克，而体重每增加1千克约耗能20.92兆焦。二是胎儿及其附属物增重，约20.5千克，包括胎儿增重约16千克，羊膜及胎衣增重约2.5千克，胎液（羊水等）增重约2.0千克。增重所需能量92.05兆焦，每增加1千克需耗能4.60兆焦。妊娠期1～99天胎儿及其附属物增重占总增重的50%，其中1～37天增重仅占总增重1%，可以忽略不计；妊娠38～99天胎儿及其附属物增重每天需要能量为0.74兆焦（46.02兆焦÷62天）。妊娠100～114天胎儿及附属物增重占总增重的50%，每天增重需要能量为3.29兆焦（46.02兆焦÷14天）。

例如：后备母猪配种时体重135千克，背膘厚18毫米，妊娠99天时背膘厚要求19毫米，妊娠38～99天时母猪增重5千克，饲料能量为12.55兆焦/千克，妊娠100～111天目标背膘厚22毫米，体重目标增重15千克，饲料能量为13.39兆焦/千克，计算母猪妊娠期饲喂量。

（1）妊娠38～99天母猪日饲喂量

日维持需要能量 = 460.24 × $(5/2+135)^{0.75}$兆焦/天 = 18.49兆焦/天

日背膘调整需要能量 =（19毫米 − 18毫米）× 5千克/毫米 × 20.92兆焦/千克 ÷ 62天 = 1.69兆焦/天

日胎儿及其附属物增重能量 = 0.74兆焦/天

母猪日饲喂量 =（18.49兆焦/天 + 1.69兆焦/天 + 0.74兆焦/天）÷ 12.55兆焦/千克 = 1.67千克/天

（2）妊娠100～111天母猪日饲喂量

日维持需要能量 = 460.24 × $(15/2+140)^{0.75}$兆焦/天 = 19.48兆焦/天

日背膘调整需要能量 =（22毫米 − 19毫米）× 5千克/毫米 × 20.92兆焦/千克 ÷ 12天 = 26.15兆焦/天

日胎儿及其附属物增重能量 = 3.29兆焦/天

母猪日饲喂量 =（19.48兆焦/天 + 26.15兆焦/天 + 3.29兆焦/天）÷ 13.39兆焦/千克 = 3.65千克/天

3. 哺乳母猪的膘情管理

哺乳期母猪体重减轻和体脂的损失是不可避免的，正常情况下可接受的背膘损失为小于3毫米。大于3毫米的背膘损失，将严重影响母猪以下胎次的繁殖性能和利用率。泌乳期母猪背膘的变化与泌乳期长短、带仔数量、仔猪目标增重、分娩时体重、哺乳期采食量、营养水平、日摄入营养总量、环境因子等因素密切相关。随着泌乳期的延长，母猪体重和体脂不断下降，越到泌乳后期变化越明显。分娩体重大的母猪，哺乳期体重损失、采食量、背膘厚的变化明显高于分娩体重小的母猪。提高哺乳母猪采食量和增加日摄入营养物质总量，是减少哺乳母猪背膘损失、提升下一胎次繁殖性能的重要途径。哺乳期母猪背膘损失与下一胎次繁殖性能之间的关系如图6-2所示。建议哺乳期结束时母猪的背膘厚不低于16毫米，哺乳期背膘损失小于或等于3毫米，此时的背膘值16毫米可作为下一胎次繁殖性能好坏的一个预警指标。

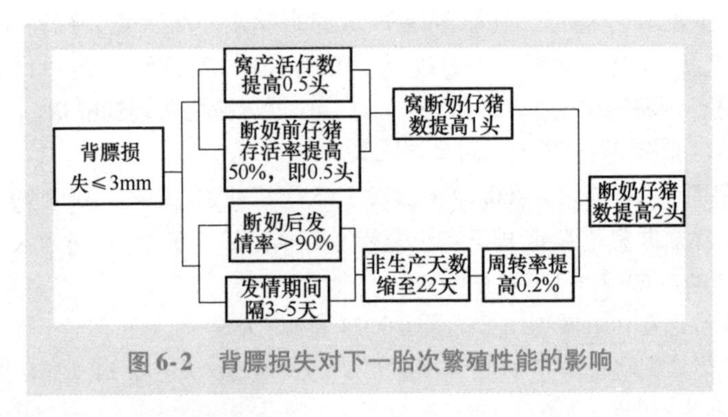

图 6-2 背膘损失对下一胎次繁殖性能的影响

4. 断奶母猪的膘情管理

断奶母猪的膘情与断奶后 7 天内发情率、断奶间隔、配种受胎率密切相关，当初产母猪断奶背膘厚小于 13 毫米、经产母猪断奶背膘厚小于 10 毫米时对断奶发情极为不利。因断奶母猪的发情配种率是衡量哺乳母猪膘情管理好坏的试金石，理想的断奶母猪背膘厚为 18 ~ 20 毫米，但实际生产中很难做到。因此，断奶母猪背膘应不低于 16 毫米，特别是一胎母猪应将断奶时背膘厚度严格控制在 16 毫米以上。若断奶时母猪背膘厚小于 14 毫米，须先让母猪自由采食专用断奶母猪料 3 ~ 3. 5 千克/天进行补饲。母猪背膘厚度调整至大于或等于 16 毫米，并间隔一个情期再配种。若配种时背膘厚在 14 ~ 16 毫米之间，需要增加妊娠初期的饲喂量。若配种时母猪背膘厚大于 16 毫米，妊娠后正常饲喂。

四、膘情管理体系的建立方法

背膘是母猪繁殖管理的预警器，当实际生产中，反复出现二胎综合征、非生产天数增加、淘汰母猪的平均胎次明显低于 5 胎、发情间隔延长、静立反射持续时间明显缩短等影响母猪繁殖性能和效率的现象时，都预示母猪背膘管理存在重大漏洞。不同生理阶段母猪的背膘及预警值见表 6-4。当母猪背膘值超越了该阶段的上限或下限范围值时，母猪的繁殖性能和繁殖效率将下降。

因为不同品种、不同生理阶段的母猪膘情存在差异，因此，建立适合本场母猪的背膘管理体系，对生产者调控母猪背膘，制定精确饲喂策略，提高母猪繁殖性能具有重要参考意义。那么，如何建立适合于本场母猪的背膘管理体系呢？首先，母猪的背膘管理没有统一的标准，不能照抄照搬。如有的母猪在高膘情时生产性能表现较好，有的母猪则在低膘情时生产性能表现较好。其次，母猪背膘管理是动态化的，不能是一成不变的固定模式，要及时调整和完善母猪背膘数据。确定本场母猪适宜膘情时，须自建场开始定期跟踪和监测不同生理阶段和管理条件下母猪最佳生产性能和效率状态时的背膘值。选定若干生产性能优秀的母猪，连续测定 2 个胎次以上各阶段膘情，基本可以确定与本场各阶段最佳繁殖性能指标相匹配的膘情。不管膘情是在偏瘦范围还是在偏肥范围，都是最适合本场的膘情标准。按测定标准，制定各阶段的饲喂流程、营养水平、饲料选择。

表 6-4　不同生理阶段母猪背膘及预警值

生理阶段	时　间	背膘厚/毫米	背膘厚的预警值/毫米
后备母猪	150 日龄	11～12	<12 或 >18
	第一次配种	16～18	<16 或 >22
妊娠母猪	妊娠 30 天	16～18	<13 或 >20
	妊娠 65 天	16～18	<14 或 >22
	妊娠 90 天	18～20	<14 或 >25
分娩母猪	114 天	20～22	<17 或 >27
断奶母猪		16～18	<14 或 >22
配种		18～20	<16 或 >22

第四节　限饲与优饲管理

一、限饲管理措施

母猪的限饲管理不仅以控制体重过快增长为目的，还包括有利于合子着床、增加产仔数、适宜的仔猪初生重以及良好的乳腺发育等。限饲可通过减少饲喂次数、减少饲喂量或限制某些营养素和日粮营养水平等方法达到限饲目的。不同生理阶段，饲养目标不同，限饲的具体措施也各不相同。

1. 后备母猪的限饲

后备母猪处于生长发育的旺盛期，饲料转化率高，代谢旺盛。若不限饲，使其与生长育肥猪在同等条件下饲养，让其自由采食，快速生长，肌肉和脂肪组织就会快速发育，体脂过早沉积，导致母猪肥胖。而与繁殖性能密切相关的生殖器系统的发育速度往往滞后于骨骼、肌肉组织，致使体成熟与性成熟不能同步而失去种用价值。所以后备母猪培育期必须限饲，以适当控制生长速度。这样做的主要目的是充分给予后备母猪生殖系统、骨骼系统、肌肉组织足够的时间生长，协同发育，储备充足的营养，使骨骼更坚实，得以实现预期的初情启动和正常的发情表现，达到最佳配种时的繁殖体况，从而获得最优繁殖性能和最长繁殖寿命。一般从引种至90千克，让后备母猪自由采食，充分发育，不必限饲。当体重达到90千克时，开始限饲至配种前2周，减缓增重速度，以维持中等体况。但过度限饲，会使后备母猪初情期推迟，配种体况不能满足进入繁殖期时的要求，往往被淘汰。

【提示】

后备母猪培育过程中的限饲，不同于其他任何阶段的限饲，不能单纯地用减少饲喂量、饲喂次数的方式实现，更主要的是通过限制能量过多摄入，防止脂肪沉积过快，影响生殖器官的发育，以及控制过快的生长速度来实现的。而对于骨骼系统、生殖系统、肌肉组织发育所必需的营养物质，如钙、磷、微量元素、生物素、叶酸、维生素B、维生素E、氨基酸等，不但不能限制摄入，还要充足供给，否则会影响肢蹄发育和初情期。

2. 妊娠期限饲

妊娠期母猪的限饲是大家普遍接受和认可的一种饲养管理制度，但不同的妊娠生理阶段，限饲的目的和手段不一样。妊娠早期胚胎的存活率与配种后72小时内血浆中黄体酮的含量成正比，因为黄体酮增加可改善子宫内环境和输卵管环境，有利于早期胚胎着床，可提高胚胎的存活能力。血浆中黄体酮的含量与饲粮能量水平和饲喂水平相关，摄入高能饲料会加速黄体酮的清除，降低胚胎存活率。当能量水平一定时，采食量则成为影响妊娠早期胚胎存活率的重要因素。增加妊娠早期

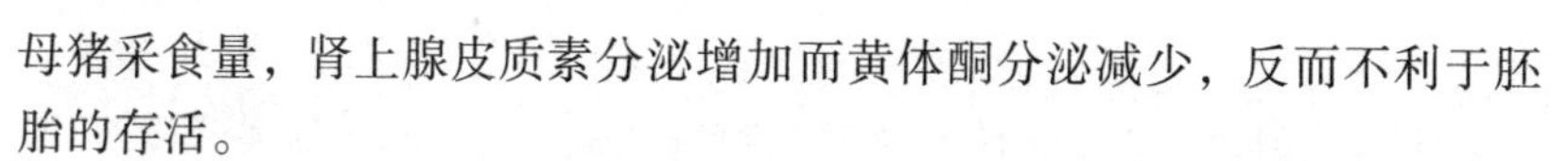

母猪采食量，肾上腺皮质素分泌增加而黄体酮分泌减少，反而不利于胚胎的存活。

妊娠早期的限饲对提高产仔数、降低胚胎死亡率极为有利。妊娠早期限饲对胚胎存活产生有益影响的关键时间是从配种后第 1 天开始，而不是从第 2 天开始。妊娠早期增加饲喂量，不利于胚胎存活，产仔数减少，特别是对第一产和第二产母猪影响更严重。妊娠早期受精卵形成胚胎和胚胎细胞减数分裂、分化和早期生长不需要额外的营养，妊娠母猪只需维持基础代谢即可。特别是妊娠后 72 小时内，内分泌处于调整状态，一般给予低蛋白质、低能量营养的妊娠母猪前期饲料，并且严格控制采食量即可提高胚胎的存活率。配种后三周内是胚胎定植的关键时期，限制母猪能量的摄取有利于胚胎的着床和发育。妊娠 1 ~ 37 天胚胎的增重占总增重的 1%（可以忽略不计），不需要过多的营养，必须严格限饲。妊娠 38 ~ 99 天胎儿的增重占总增重的 50%，营养需要明显增加，此时可根据母猪的膘情适度限饲。此时也是调整妊娠母猪膘情的最佳时机。妊娠 75 ~ 95 天，必须限制能量摄入，以利于乳腺发育，采食量或能量水平与 75 天前相比应适度下调。妊娠 90 天以后，为满足母猪分娩时营养储备和胎儿快速发育的双重需要，应提高采食量和营养水平，减低限饲力度，但也不是不加限制地过度饲喂，否则，会导致母猪过肥而难产、滞产、便秘等。

【提示】

产前 7 天开始减料的传统饲喂方式，会过早消耗现代瘦肉型母猪的体储，影响胎儿快速发育，导致胎儿出生体重和活力下降；母猪体储降低，难产、死胎增加；影响泌乳力，增加泌乳期失重，导致断奶发情。

【小经验】

母猪背膘厚是决定产前是否减料的依据，当背膘厚度大于或等于 20 毫米时，产前 1 ~ 2 天应适当减料；当背膘厚度小于 20 毫米时，产前不减料。

妊娠期若“限饲不当”也会带来很多弊端，妊娠后限饲程度应依据母猪配种时膘情而定。对于哺乳期掉膘失重较多的母猪，妊娠后母猪一直处于营养缺乏状态，此阶段母猪虽经断奶后的短期优饲，但短时间很难弥补哺乳期大量的营养丢失，非常需要营养支持。这类母猪妊娠后可适度降低限饲，饲喂量可超过最低限饲标准，这样反而有利于胚胎着床。对配种时膘情正常的母猪按限饲标准饲喂，如果配种时母猪超膘应严格限饲。但配种后饲喂量骤降会使母猪长期处于饥饿状态，引起便秘、梭菌性肠炎、攀爬跳动、烦躁不安等情况。对此，可在日粮中添加膳食纤维，增加母猪的饱食感，这样既锻炼了胃肠功能，提高了胃肠容积，预防母猪便秘，又为哺乳期提高采食量打下了良好的基础。

【提示】

妊娠母猪日喂1～2次的过度限饲方式是不可取的。因为母猪在给饲3～4小时后，胃肠已排空，若仍未进食，第二天母猪尿黄、浓稠且有奇怪的腥臭味。久而久之，母猪的生理代谢会悄然发生变化，逐渐影响繁殖生理。

3. 哺乳母猪与断奶母猪的限饲

哺乳期母猪的限饲主要集中在产后一周内，饲喂量需逐步增加，一周后自由采食。以防止母猪产后消化不良，引发便秘、厌食和乳腺炎，使母猪充分适应并过渡到由妊娠期的限饲到哺乳期的最大采食量。

对于断奶前后的母猪是否应该限饲一直是大家争论的焦点，限饲论的理由是断奶时若不限饲，母猪易患乳腺炎。母猪是否易患乳腺炎，首先要了解母猪的乳腺结构和泌乳原理。母猪的乳房没有乳池，所以不会因贮存过多乳汁而诱发乳腺炎。其次，母猪泌乳需要仔猪共同参与，不是仔猪什么时候想吃奶就可以吃到的。当乳腺内压力升高达到峰值后，加上仔猪主动按摩和吮吸的刺激，反射性引起脑垂体后叶催产素分泌，使腺泡上肌细胞收缩，乳腺内压升高，产生排放乳汁的过程。断奶时，受断奶应激因子的影响，肾上腺皮质分泌糖皮质激素、髓质分泌肾上腺素增多，母猪高度紧张，内分泌紊乱，抑制乳腺分泌。因此，断奶本身就可以导致母猪停止乳汁合成，再加上没有仔猪按摩吸吮的刺激，泌乳活动很快停止。所以，让断奶母猪干乳最有效的方法是让母猪乳汁在乳房中积存，通过乳汁积累造成乳腺内压增加，从而抑制更多乳汁的合成和分泌。而通过减料、断水、断料的方法来减少泌乳和乳腺炎的发生是没有科学依据的。同时，断奶前后的限饲会加剧母猪掉膘失重。虽然断奶前减料的母猪断奶后乳房膨胀较轻，但是减料与不减料母猪均不会发生乳腺炎。而断奶前不减料的母猪，断奶发情间隔缩短，更重要的是下一胎次产仔数和产活仔数增加。因为母猪经过哺乳期后营养付出很多，处于营养亏损状态，特别是断奶前限饲的母猪，失重会更多。因此，哺乳母猪断奶前后减料限饲的传统饲喂方式会严重影响断奶发情、配种和下一胎次产仔数。

【小经验】

断奶前后是否减料由母猪膘情决定，以缩短发情间隔期和提高下一胎次繁殖力为目标。哺乳期失重较少，膘情偏肥的母猪，断奶前三天可适当限饲，让其多带几天弱小仔猪。哺乳期失重在正常范围的母猪，则不必减料限饲。对于哺乳期失重过多、体况差的母猪，断奶前不但不减料限饲反而应该短期优饲。1～2胎母猪断奶前一般不减料限饲。

二、优饲管理措施

1. 配种前的催情补饲

配种前提高母猪营养水平和增加饲喂量，以促进发情、增加排卵数的措施称为催情补饲，目的是让母猪积蓄营养，补充哺乳期营养流失，增强卵巢活力，以此促进母猪尽快发情、增加排卵数、提高卵子质量。配种前的催情补饲可缩短经产母猪发情间隔，增加排卵数2～3枚。对于膘情差的经产母猪，采用催情补饲的方法效果更加明显。但配种前2周的短期优饲，只适合于后备母猪，因为经产母猪断奶后至配种的时间较短，只能催情补饲。

2. 妊娠后期的优饲

根据胚胎的生长发育规律，母猪妊娠95天以后，胎儿的生长速度快速提升，每天增重约50克，其出生时2/3重量是在妊娠95天以后生长的。为满足胎儿快速发育所需营养，必须增加日摄入营养物质总量，包括提高日粮营养水平和增加采食量，即“攻胎”。大量的生产实践证明，妊娠95～114天适当增加饲料的营养水平和饲喂量，能提高仔猪初生重，

提高仔猪活力，缩短产程，减少弱仔、死胎，显著提高初乳的质量，同时，对母、仔猪免疫力也有很大的提高作用。

第五节 饮水管理

一、饮水管理误区

1. 忽视水的重要作用

水是生命之源，对母猪来说是不可缺少、无法替换的必需营养物质。猪体内的水分统称为体液（如细胞液、组织液、血浆），是构成机体组织的主要组成成分。初生仔猪机体含水量最高可达90%，仔猪体内70%都是水，成年猪机体含水量为体重的50%~70%。猪体内含水量多少与品种、不同生长阶段、不同组织器官有关，如瘦肉型猪比脂肪型猪含水量高。因水中含有丰富的矿物质（如钠、钙、镁、铜、铁、铬和锰等元素），猪可从饮水中获得所需矿物质的20%~40%。水参与食糜的输送，养分的消化吸收、分解与合成，废物的排泄等代谢及生化反应过程，起溶剂作用。物质在血液、组织液和细胞之间交换过程中，水维持电解质平衡，保持物质在体内的正常代谢。同时，水也是体内化学反应的媒介。在机体散热和储能过程中水具有体温调节作用。此外，水作为润滑剂，具有润滑关节作用。但这一重要的营养素却没有引起养猪者足够的重视，业界称其为“被遗忘的养分”。

2. 猪的饮水量模糊不清

充足良好的饮水可以使母猪饲养更加轻松，母猪更健康，效益更高。猪尿液的渗透压比其他动物低，从而使猪的肾脏对尿液中水分的重吸收能力下降，需要及时从外界不断补充水分，这种特殊的水分调节机制决定了猪是一种需水量较大的动物。猪的需水量5%来源于饲料水，10%由机体氧化代谢产生，饮水占需水量的85%~95%。

在实际养猪生产过程中，饮水管理诸多因素的影响导致母猪饮水量往往不足。现代基因型哺乳母猪每天泌乳10~15千克，需要大量的饮水才能满足泌乳的需要。同时，增加母猪饮水量对提高采食量有明显的促进作用。而高的采食量，必须有高的饮水量做保障，二者相辅相成，相互促进，共同促进泌乳。对于围产期母猪，饮水量减少会增加母猪便秘的概率，容易诱发母猪产后三联症，使泌乳力下降。

3. 不关注水温

水温与母猪的饮水量、健康状况密切相关，同时，水温影响母猪的繁殖效率。温度过低，母猪要消耗能量去升高饮用水的水温，因此，需要额外消耗大量的饲料，这无形中会降低母猪的繁殖效率。此外，母猪体型较大，汗腺不发达，皮下有比较厚的双层脂肪，隔热效果较强，只能通过饮水和排尿来散热。

在实际生产过程中，大多数中小规模的猪场并没有考虑过水温对猪的影响，水池和输水管常年暴露在外面。夏季受阳光暴晒水温过高，母猪饮用后容易增加热应激的危害程度，消化能力下降，脾胃受损。冬季因寒冷冰冻水温过低，母猪饮用后容易产生冷应激，引起感冒、腹泻，特别是妊娠初期的母猪饮用冰水容易流产，且消耗饲料能量。不管饮用水的温度过高还是过低，受饮用水冷、热刺激严重时，首先影响的是母猪的饮水量和采食量，进而对母猪的健康和繁殖力产生不利影响。种猪适宜的饮水温度是15~20℃，禁止超过35℃。

4. 对饮水污染认识不足

影响饮水系统的安全环节包括水源质量、储水设备污染状况，以及输水管线、饮水管线、饮水终端的安全和污染程度等。由于输水管线和饮水管线距离较长，再加上有的母猪处于亚健康状态或携带病原菌，极易通过饮水管线污染饮水系统。受污染的管线，菌落在水管内壁逐渐生成一层厚厚的生物膜。对于致病菌而言，生物膜是良好的天然培养基，微生物可以利用它加快繁殖生长，造成更严重的水质污染，甚至引发疾病在猪场的发生。

5. 不监测水质

水质直接影响母猪的饮水量和健康状况，水质检测应从感官性质、一般化学指标、细菌学指标和毒理学指标等方面综合评判。水质应符合NY5027—2008标准，无色、透明、无异味。每升水中大肠杆菌数不超过10个，pH 7.0~8.5，水的硬度为10~20度。为确保水质持续良好，每年至少对水质进行1~2次监测，每3个月至少进行1次物理、化学和微生物分析。

6. 对饮水不足的危害认识不足

猪缺水5%时会感到不适、食欲减退；缺水10%，生理失调，代谢异常；缺水20%会危及生命。缺水时新陈代谢产生的废物不能及时排泄，代谢产生的毒素聚集，引起机体中毒，甚至死亡。因缺水口渴，猪会喝脏水、污水，患肠道疾病的概率增加。缺水时采食量下降、血液循环减慢，营养、血氧供给不足，肾脏排泄缓慢，免疫力下降，皮毛粗糙、无光泽。妊娠母猪缺水会导致采食量不足，新陈代谢和营养转化率下降，仔猪初生重轻，弱仔多、活力差，母猪便秘。产房母猪缺水时，母猪食胎衣和新生仔猪。哺乳母猪饮水不足，采食量下降，泌乳量减少，失重增加；仔猪腹泻重复发生，断奶重轻。分娩后7天内母猪饮水不足会使乳汁变稠，导致仔猪消化不良、腹泻。

二、影响母猪饮水量的因素与改善措施

1. 采食量

饮水量与采食量密切相关，一般情况下母猪每采食1千克饲料需饮水2.13～2.80升。当采食量不足时，饮水量下降。

2. 气温

气温变化与猪的饮水量密切相关。当气温由12～16℃升高至30～35℃时，母猪的饮水量增加50%。例如，当夏季气温28℃，饮水器流量为1.8～2.0升/分钟时，哺乳母猪每天饮水时间为20～30分钟，饮水24次，平均每次饮水43秒，每天需要饮水40升左右。当环境温度下降时，母猪的饮水量也相应减少。

3. 水温

为确保母猪饮用水的水温，饮用水的输水管最好埋在地下1米深处，避免阳光暴晒和冬季冰冻，从而影响饮水水温。冬季可以在水塔内安装电热板，供应温暖的饮水以提高母猪的饮水量。

4. 饮水器的类型

随着规模化养猪的快速发展，各式各样饮水器应运而生，常见的有盆式饮水器、槽式饮水器和碗式饮水器等。猪的下腭呈勺状，与牛、马等动物较为平整的下腭相比更容易“舀水”，所以，鸭嘴式和乳头式饮水器不适于猪。哺乳母猪喜欢快速大量饮水，宁愿短时间从槽中吞入大量的水，也不愿从乳头饮水器中慢慢地饮水。如果在哺乳母猪饲槽上方安装水龙头，饮水量可增加5倍左右。在料槽底部放置一只独立的饮水盆或湿料装置，都能增加母猪的饮水量。

5. 饲料类型

采食颗粒料比采食干料饮水量多，自由采食比分顿饲喂饮水量多。湿拌料饮水量最少，但可确保母猪每天能摄入15～20升的水，一般湿拌料按料水比1∶3或1∶4混合。泌乳期母猪每天饲喂2次湿料比自由采食干料饮水量多，高峰期母猪的泌乳量可增加1～2千克/天。

【小窍门】

湿拌料适宜的料水比是用力握紧拌好的湿料，指缝中有水珠，松手即散。

6. 饮水管线

统计分析约90%的猪场缺乏清理维护，饮水管线常受到管线老化，铁质管线锈蚀，药物、泥沙、矿物质沉积，微生物菌膜堵塞等影响。因此，定期清理饮水管线、维护水压和流量对提高母猪饮水量非常重要。一般饮水系统每天检查2次，检查饮水器水压、流速，定期检修饮水系统2～3次/月，从而确保饮水器流量达到3～4升/分钟。特别是通过饮水给药之后，水管的清洗非常重要。在水管的末端安装冲水阀，避免水管出现死水端。管线材质最好使用PVC或不锈钢材质。在已使用铁管的猪场，为防止水中铁离子含量过高，应定期除铁。

7. 水质

若给水系统常年不清洁、不消毒或消毒不彻底，水在管线运输时常常受到污染。污染后，菌落形成的生物膜沉积在水管内壁，容易造成水路堵塞，导致水质恶臭。生物膜是细菌繁殖的理想场所，尤其当水温在20℃以上时，细菌的繁殖会非常迅速。当水压过低时，病原微生物可以通过饮水器进入水线，在水质检查时往往发现水池取样结果显示无污染，但母猪舍取样结果显示有轻度污染，这说明水是在水管里面运输时受到污染的。受污染的饮水系统，饮水器流出来的水浑浊、有异味，严重影响母猪的饮水量和健康状况。一些母猪尿液中含有大量的石灰样甚至干酪样物质，往往是水质原因造成的慢性肾盂肾炎。

因此，对于全进全出制管理模式的猪场，进猪之前水管线一定要冲洗、消毒、检查水压，放掉主水管至饮水器端的陈旧水。选择用合适的

清洁剂，每2个月清洗猪场整个给水系统的管线1次。复合有机酸是最常用的一种清洁剂，可以有效减少饮水中细菌污染的压力，但去除生物膜的能力有限。生物膜可以用过氧化氢（一种危险的化学品，按产品说明规范使用）去除。

第六节　温度管理

一、温度管理的意义

猪是恒温动物，正常直肠温度在38.7～39.4℃。恒温动物之所以能保持体温恒定，是通过产热和散热的相互平衡来实现的，散热一般是靠热传导、热辐射、对流和蒸发等方式完成的。当环境温度超过恒温动物适温上限时，产热大于散热，汗腺发达的动物主要借助汗液的蒸发散热。而猪几乎缺乏功能性汗腺（只是鼻盘处有汗腺），且具有硕大的体躯和丰厚的双层脂肪层，无法通过皮肤蒸发散热来调节体温平衡。这时，猪一般通过增加呼吸加快散热，或者通过减少采食量和增加饮水量等方式减少体热产生来调节体温平衡，这必将导致母猪的健康和繁殖力下降。当通过增加散热和减少产热仍不能维持体温平衡时，体热积蓄在体内，导致神经-内分泌系统发生变化，引发一系列的异常反应（如体温急剧上升、呼吸急促、心跳加快），最后因心力衰竭、热应激、热射病或中暑死亡。因此，母猪对外界温度的变化特别敏感，极不耐热，是最容易产生热应激的动物，尤其是现代瘦肉型母猪对环境温度的敏感性更高，更容易受热应激影响。

有人说养母猪就是养温度，并不为过。因母猪体型大、背膘厚，体内热量散发慢，所需最佳温度低于育肥猪。《规模猪场环境参数及环境管理》（GB/T 17824.3—2008）规定：哺乳母猪舍的临界温度是16～27℃，空怀妊娠母猪舍适宜的环境温度是15～20℃，最高不得超过27℃，最低不得低于13℃。

二、高温热应激对母猪的危害

热应激是动物在高温环境条件下，自身无法通过正常生理活动调节新陈代谢而做出的非特异性生理反应的总和。现代瘦肉型母猪肌肉占比较高，其基础产热率较高，仅在采食过程中产生的“热增耗”就能使体温升高1℃，即动物瘦肉率越高越不耐热，受热应激的影响就越显著。临床实践发现，瘦肉型母猪大约在21℃时就开始感受到热应激的影响。热应激对母猪的危害主要表现在以下几个方面。

1. 繁殖性能下降

（1）发情延迟或乏情 首先，热应激引起母猪下丘脑肾上腺皮质激素释放激素（CRH）分泌增加，促进垂体分泌促肾上腺皮质激素（ACTH），抑制下丘脑释放卵泡刺激素和黄体生成素，排卵数减少。其次，高温热应激影响卵母细胞成熟。正常情况下，哺乳期母猪卵泡为直径小于5毫米的中小卵泡，断奶时卵泡直径为4～5毫米，断奶后长到8毫米以上。热应激时卵泡直径小于2毫米，断奶4天后也仅有4～5毫米。同时，热应激改变血流分布，大量血液流向体表，性器官和内脏血液灌注减少，卵泡营养供应不足，发育受阻，导致母猪卵巢萎缩。此外，热应激时母猪通过减少采食量、降低采食频率等方式会加重这一现象的发生。由此造成后备母猪初情期延后或乏情、卵巢机能减退；经产母猪断奶后发情延迟、隐性发情或乏情，甚至群体性发生。

（2）配种受胎率下降 配种受胎最适温度是18～20℃。一年当中各胎次母猪受胎率走势基本相似，随着气温的上升，受胎率下降，当气温超过25℃时受胎率明显下降。当气温回落时，受胎率开始上升，当气温回落至25 ℃以下时，受胎率明显上升。母猪受胎率随气温升高而下降的原因有：一是高温引起母猪体温升高，尤其是生殖道和子宫高温，不利于受精卵的卵裂、发育及附植，从而导致卵子受精或受胎失败。其次，热应激条件下卵巢机能减退，受胎率下降。二是公猪在高温环境下散热不畅，体温上升，可使睾丸精细管退化，生精能力减弱，精液品质随之下降，精子获能与受精能力受到影响。

（3）产仔性能下降 夏季高温母猪窝产活仔数平均每胎减少1～2头；5～10月分娩的仔猪死产率比其他月份平均高出0.3～0.4头/窝。胚胎发育早期对热应激尤其敏感，季节性不孕症发生的根源就是热应激干扰受精卵和早期胚胎的正常发育。热应激时妊娠母猪采食量下降或厌食，营养供应不足，同样可导致胚胎早期死亡、弱仔，窝产仔数和活仔数减少。同时，热应激抑制黄体生成，黄体酮减少，引起胎儿死亡或发生流产。热应激还可导致妊娠后期母猪体贮减少，分娩时受

高耗能和热应激的双重危害，使母猪产程延长或滞产、难产，弱仔、死胎增多。

2. 生产性能下降

热应激条件下，母猪的采食量、泌乳力、失重等生产指标都受到较大的影响。当环境温度从20℃升高至40℃时，母猪日采食量明显下降，采食频率降低。气温每升高1℃，猪采食量减少40 克/天；当环境温度超出最佳温度范围5～10℃，采食量下降200～400 克/天。当分娩舍温度由18℃升至29℃时，母猪采食量下降近3 千克/天。温度对哺乳母猪采食量的影响主要是发生在产后的第5～6 天，29℃的环境温度比20℃的环境温度采食量下降677 克/天，同时伴随更高的体损失、呼吸频率和体表温度。高温环境使哺乳母猪采食量下降的原因可能是高温使母猪的体表水分散失大，母猪加大饮水量，从而使胃酸浓度降低，胃肠蠕动力减弱，消化能力下降。此外，热应激对新陈代谢过程影响极大，如较高的胰岛素水平导致猪体内沉积更多的脂肪，而瘦肌肉形成较少。这是夏季育肥猪体脂含量普遍较高的主要原因。

3. 威胁母猪健康

热应激时母猪为降低体温，体内的血流大部分从脏器流向皮肤，并通过体内其他器官的血管收缩，维持血压。正常情况下，肠道细胞的主要功能是将毒素锁定在肠道内，防止其进入血流，并通过细胞间的紧密连接，防止脂多糖、内毒素和细菌进入体内。热应激时主要血管收缩区为肠道，受血管收缩的影响，肠道细胞的供氧量减少，肠细胞因发生缺氧而死亡。排列在肠道上的细胞出现“肠漏”现象，此时细胞通透性增加。这就使脂多糖等毒素能够渗入血流，形成内毒素血症。毒素一旦进入血液，就会发生炎症反应、发烧，食欲不振、体温升高。

其次，热应激可激发内源性自由基（也称为“游离基”）的产生。自由基在机体氧化反应中产生有害化合物，可破坏细胞膜，使血清抗蛋白酶失去活性，损伤基因导致细胞变异的出现和蓄积。热应激越大、持续时间越长，产生的氧自由基越多，对肠道紧密连接的破坏就越大。肠道紧密连接遭破坏后，肠道菌群改变，细菌或内毒素会通过细胞旁通路进入到淋巴系统和血液循环系统，造成机体损伤。

4. 持续高温热应激对母猪的危害

持续高温是指舍温在32℃以上，持续时间超过72 小时。夏天环境

温度高达30℃以上时，卵巢和发情活动受到抑制。温度超过35℃，相对湿度超过65%时，猪便不能耐受，导致代谢过程和内分泌功能紊乱，产生一系列不良反应。首先消化腺分泌减少，胃肠蠕动减弱，导致食欲不振、采食量锐减。其次，母猪卵巢机能减退或静止，发情无规律或乏情；后备母猪初情期延迟，配种受胎率大幅下降，产仔数减少；空怀母猪乏情或发情异常；配种母猪返情率升高；妊娠早期（10～30天）胚胎死亡率升高。

持续高温还显著降低细胞免疫功能，改变猪的免疫状态，使猪的抗病力下降，进而诱发多种疾病。特别是猪群处于亚健康状态时，死亡率剧增。当气温上升到接近或超过猪体温时，猪无法适应，心血管系统负担加重，超负荷运转，出现衰竭、昏迷，乃至中暑死亡。持续高温热应激反应的母猪精神沉郁，体温升高，心跳加快，呼吸急促，甚至发生热性喘息（正常情况，母猪的呼吸速率为15～25次/分钟，高温环境时高达40次/分钟以上，热应激时提升至60次/分钟以上），皮肤血管扩张，皮温升高，伸张躯体，喜睡湿地或滚卧粪尿，躲避阳光直射或趋向阴凉地方。

三、降低母猪热应激的措施

1. 营养调控措施

（1）碳水化合物和脂肪营养调控措施 热应激条件下猪对碳水化合物代谢加强，产热量明显增多，脂肪消化率高于其他营养物质，且脂肪在代谢过程中产生的增生热较碳水化合物和蛋白质低，故脂肪是高温条件下母猪理想的能量来源。因此，热应激时在母猪日粮中减少碳水化合物用量，添加2%～3%的脂肪，既可以提高日粮的能量水平，增加适口性和采食量，又能保证能量的摄入量，抵消热应激对母猪的不利影响。给热应激条件下泌乳母猪饲喂脂肪，还可显著提高泌乳量，并使仔猪增重提高。

（2）蛋白质和氨基酸营养调控措施 日粮中蛋白质的热增耗较高，消化蛋白质产生的热量比消化淀粉和脂肪更多。增加日粮蛋白质水平时，日粮代谢能的利用效率往往下降，总产热增加，反而会加重热应激反应。因此，热应激条件下应降低饲粮中蛋白质水平，减少蛋白质摄入量，选用鱼粉等优质蛋白质原料、补充平衡氨基酸代替蛋白质等缓解猪热应激。在热应激条件下给哺乳母猪饲粮中添加300毫克/千克γ-氨基丁酸，能显著提高采食量和泌乳量、改善乳质、减少掉膘、缩短断奶-发情间隔，显著提高仔猪增重与成活率。

（3）电解质营养调控措施 高温环境下，机体内的钾和碳酸盐排出量增加，血钾浓度降低，电解质平衡紊乱。通过在饲料或饮水中添加氯化钾，补充电解质，可提高猪对高温的耐受力，缓解应激反应。碳酸氢钠具有维持机体酸碱平衡、解酸、健胃、促进代谢作用，缺点是不稳定、易潮解、须现配现用、不易久置、不能与维生素C同时使用。因其代谢产生大量二氧化碳，能快速把机体高温热应激产生的热带走，而被广泛用于畜禽对抗热应激。夏季高温时，建议饮水中添加0.2%～0.3%碳酸氢钠，可有效减轻热应激对猪的不良影响。

（4）维生素调控措施 多种维生素，特别是维生素C是目前被广泛运用的抗应激添加剂之一。维生素C又称抗坏血酸，有D、L两种异构体，仅L-抗坏血酸-2-磷酸酯具有活性。市场上维生素C差异很大，购买时需谨慎。其对抗应激的作用包括：降低应激时毛细血管通透性，防止血管破裂，引发微循环障碍；增强中性粒细胞的趋化性和变形能力，提高免疫力；清除自由基，减少肝细胞脂肪性变形；保护肝脏，协助肝脏解毒，辅助修复受损的肝细胞。硒和维生素E协同可减少热应激时猪体内自由基的数量，缓解热应激时的自由基损伤，提高猪抗热应激能力。

（5）微量元素调控措施 微量元素中铬是动物机体必需营养素，广泛参与机体蛋白质、脂类及糖类的代谢。急性热应激使机体迅速动员代谢库中的铬参与代谢反应，显著增加了空腹猪和喂食猪尿铬排出量。热应激时，在添加中草药合剂的妊娠母猪饲粮基础上，再添加200微克/千克饲料有机铬，可使母猪呼吸频率、体温降低，产健仔数提高。锌是保证肠屏障功能和肠道上皮受损细胞修复的一种不可或缺的元素，能够降低肠通透性的同时保证屏障功能完整性。硒是谷胱甘肽过氧化物酶的重要成分，具有超强的抗氧化能力，能够阻止不饱和脂肪酸氧化，最高是维生素E的500倍以上。能抑制过氧化物和自由基的形成，并且可以清除细胞内持续产生的自由基，在维持细胞膜的完整性中有重要作用。

2. 管理措施

（1）加强通风和蒸发 通风和蒸发是母猪舍最重要的降温措施。每蒸发 1 千克的水要吸收 2454.3 千焦的热量。因此，最大限度地增加通风与对流，是降低舍内环境温、湿度的有效方法。具体方法有以下几种。①封闭式猪舍可通过增开地窗、天窗数量，强化空气流通。②在猪舍内安装雾化喷头（喷头相距 0.5～1.0 米），通过水雾直接冷却和蒸发吸热，达到舍内降温的目的。该方法安装操作简便，且降温速度快，降温效果好，投资小，若接上消毒药水，又是一种极好的舍内消毒装置。但由于此法致使环境湿度过大，不宜用于产房。③在产床（或定位栏）母猪头颈上方，安装一条硬塑管，使清水从管孔中不停地滴出（30～60 滴/分钟），滴注于母猪头颈或颈肩部，借助滴水冷却和蒸发，达到猪体降温的目的。此方法投资少，效果好，最适于中小型猪场推广应用。④在母猪舍安装大功率风扇或抽风机，通过纵向扇风或抽风，加速舍内空气对流，除降温外，还能及时排除室内有害气体，但电耗成本高。⑤冲水管直接喷淋方法适可于每天高温时段（一般为 10：00～16：00），用冲栏的高压冲水管直接冲淋猪身、墙壁、顶棚和地面，有较好的降温效果。⑥目前湿帘降温，降温效果良好，比较适合规模化猪场。

（2）调整日粮配方 合理调整夏季日粮配方，采用高净能、高氨基酸和合理蛋白质日粮，有利于缓解热应激。在配制饲粮时，添加体增热少、净能高的原料（如磷脂、植物油或动物油 3%～5%），少用体增热大而净能低的原料（如麦麸的比例控制在 6% 以下），把净能调至 10 兆焦/千克（即消化能大于或等于 14.25 兆焦/千克），可消化氨基酸约 0.9%，粗蛋白质不低于 16%，对于改善母猪体脂、恢复母猪体力、确保充足泌乳以及防止失重等方面有明显效果。目前，许多猪场夏季哺乳母猪净能明显不足，但仍然在日粮中添加鱼粉、豆粕等蛋白质原料，企望提高母猪泌乳量，结果事与愿违。有的猪场降低夏季日粮中的能量，以减少体增热，避免热应激，但这会降低种猪生产性能。在夏季热应激状态下，猪群的采食量普遍下降，营养摄入不足，只有通过提高营养浓度，才能得以补偿。

（3）调整饲喂策略 夏季高温季节尽量避开炎热时间段投料，调整饲喂时间，增加饲喂次数。如每日投喂 5～6 次：04：00、10：00、

16：00、21：00各喂一次，夜间加喂1次，可有效地缓解高温热应激的影响，确保母猪日摄入营养物质的总量。另外，改干料为湿拌料，补喂青绿饲料等综合措施都可以降低热应激对母猪的影响。

（4）加强猪舍隔热设计 在母猪舍建造的过程中，强化房屋结构的保温隔热设计（见图6-3）。在确保通风换气的前提条件下，保证房屋结构的防寒保暖设计，选用保暖隔热性能好的优质建材。对于中小规模的母猪场，同时可在母猪舍的四周栽种树木、种植花草，夏季高温时既可以让母猪免受高温袭扰，又可以为母猪提供新鲜空气。

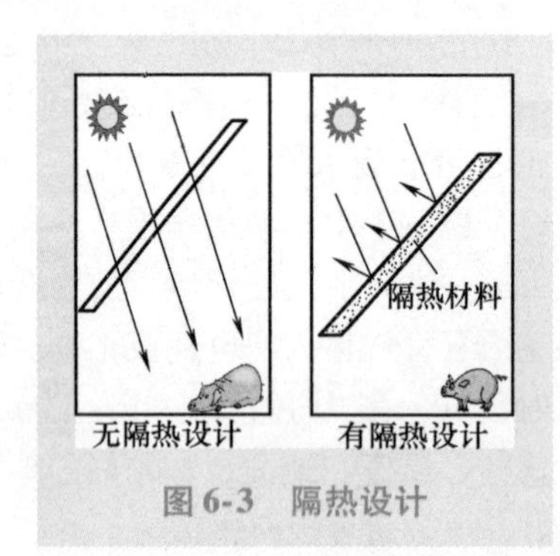

图6-3 隔热设计

（5）充足清凉的饮水 夏季高温季节，提供充足新鲜清洁的饮水，既有利于母猪缓解高温热应激带来的不利影响，又能提高母猪的生产成绩。应保持水槽内不断水，确保有足够的饮水器、合适的水流速度和水压、良好的水质。

此外，降低母猪饲养密度，对缓解夏季高温热应激也有良好的作用。

四、低温环境对母猪的影响

低温环境对母猪的繁殖性能、生产性能和健康状况同样产生不利影响。在低于舒适区温度时，随着环境温度的降低，母猪采食量增加，饲料转化率下降。当环境温度小于18℃时，每降低5℃，母猪需增加约500克饲料。因为低温冷应激时，母猪虽然增加很多采食量，但增加的饲料营养物质并没有用于母猪的繁殖、生产性能的发挥和健康等生产过程中，而主要用于产热，维持自身的体温恒定，以对抗冷应激。相对于热应激，冷应激对母猪的危害要低。

第七章
强化免疫力管理，向健康要效益

第一节　健康管理存在的误区

一、轻养、重防、研治

母猪疾病的防控重点在于“养”，而不在于“防”，更不能偏向于治。“养”好了，自然就健康，“防”就变得非常轻松。所谓的“养”是指良好的营养供给、良好的饲养管理和良好的环境控制。这是确保母猪生产性能发挥和健康水平的关键因素。以养为主的健康管理模式，每时每刻都要做到营养优先、饲养优先、环境舒适、管理到位，使母猪的健康水平和免疫力始终处于最佳状态。所谓的“防”即防疫和保健，是通过使用疫苗、保健品来保护动物的健康，提高动物免疫力的预防措施。以防为主的猪场能够提前做好防疫、保健的协调统一，制订科学的防疫程序和计划，经常监测抗原、抗体，定期消毒，能够保持母猪健康稳定。但是，长期以来，我国大多数猪场依赖大量使用抗生素和疫苗来维持母猪的健康，结果是健康水平不仅没有得到改善，反而越来越差，疫情遍地开花，老病无法有效控制，新病此起彼伏，严重制约母猪繁殖潜能和效率。一旦疫情发生，损失将是致命性的。所谓的“治”是针对发病的个体或群体，依据临床症状、剖检特征、病理变化、流行病学和实验室检测，拟定治疗方案，进行治疗。以治为主的猪场往往是危机四伏，漏洞百出，“按下葫芦起了瓢，顾了这头丢那头”。场长和兽医终日忙于钻研治疗猪病技术，天天寻觅治病良方，其结果是猪死亡惨不忍睹，债台高筑，负债经营。这也是绝大多数中小规模猪场“关门大吉”的本质所在。

随着养猪专业化、集约化、规模化程度的不断提高，人们过分地追求高生产性能指标，对营养的合理供给、搭配、调控及生存环境的优化控制疏于监管，猪群生存的环境质量越来越差，免疫力也随之降低，为疾病的发生、发展、暴发创造了有利条件。健康是实现最大化繁殖潜能和效率的前提和基础，没有健康的种猪，一切养猪生产和效益都等于零。因此，母猪健康水平的提高和猪病防控必须坚持“以养为主，以防为辅，防养结合”的饲养观念，切忌陷入轻“养”、重“防”、研“治”的死胡同，必须充分考虑影响养殖环节的各种不利因素，集成各种先进的技术手段和方法为母猪营造一个健康、良好、舒适、有利于繁殖性能发挥的生态环境。所谓的六分养、三分防、一分治，阐述的就是这个道理，将成为猪场母猪健康管理的重要法则。

二、重引种、轻选育、淡管理

目前，我国饲养的种猪绝大多数是外来引入品种，还没有培育出自己的优良种猪。虽然，引进了世界上优秀的种猪，但是，我国的养猪水平总体上还是比较落后的。重引种、轻选育、淡管理是导致我国养猪水平落后的根本原因。引进优良性状的种猪，对提高种群的繁殖性状，改良遗传缺陷无疑是捷径，但引进品种的适应性不强，短期内往往表现出水土不服、应激增加，如果管理缺位、营养不良，将导致引进种猪健康不佳、抗病力下降、繁殖力持续低迷、淘汰率居高不下。此外，引种时过分地强调体型的重要性，则会导致母猪背膘薄、体储少、采食量低、发情不明显、难配种、应激增加、难产率高、掉膘失重严重、对营养要求严格等缺陷。引进种猪与养殖场的微生物菌群、病原差别较大，很难保证不发生疾病，如果稍有不慎引进携带病原菌的种猪，给养殖场带来的危害将是灾难性的。因此，应高度重视品种选育和育种工作，针对地方抗逆性强、抵抗力强的品种进行多元经济杂交，培育出适合当地饲养的适应性强、耐粗饲、繁殖性能和哺乳性能优良、后代产品具有较高经济价值和食用价值的品种。引种时要慎重，并加强引种后的管理，时时监控母猪的生产指标及其变化，发现问题及时查找原因，综合施策，标本兼治，避免陷入“引种-退化-再引种-再退化”的怪圈。

三、风险意识不强

养猪属于高投入、高风险行业，除受行情跌宕起伏的冲击外，更容易遭受疾病的打击，稍有不慎，一场流行病过后，就有可能“关门大吉”。因此，每一位养猪人必须时刻保持如履薄冰的风险意识。

风险意识不强主要表现为对猪场繁殖性能指标、生产性能指标、环境管理指标、营养指标的监控不力；对猪场周边疫病流行情况，不同季节猪病流行规律和流行情况认识不清；对本场各环节情况不能做到了如指掌、心中有数，应对方案不充足、不可靠；没有群防群治的观念，“头冷先顾头，脚痛先医脚”；对没有饲养价值的老、弱、病、残猪，没有建立并执行残酷的淘汰制度，把猪场办成了老、弱、病、残猪的“养老院”和猪病治疗研究院；不能很好地落实“五不治原则”，即无法治疗的猪病不治，治疗费用高的猪病不治，治疗后无价值的猪病不治，费时费工的猪病不治，烈性传染病不治。

四、对疫苗的“双刃剑”作用认识模糊

猪场的损失当中，疫病贡献最多，且控制难度也是最大的。特别是传染病的防控，必须高度重视，并放在重中之重的工作中。疫苗是一把“双刃剑”，在传染病的预防过程中发挥着独特且不可替代作用。那么，是不是我们把所有的疫苗一个不落地全部做完呢？显然，这是不现实的，也是不科学的。相反，在反复、大剂量多次接种的情况下，病原微生物会通过基因突变、重组等形式产生新的毒株来适应环境的演变，以使自己生存下来。原本没有致病性的微生物增加了可致病的毒力基因或者变成了一个新的病原体。如流行性腹泻病毒的纤突蛋白编码基因（spike 基因）中出现缺失、插入和突变，形成新的流行毒株，连续 3 年在全国许多猪场暴发，损失十分惨重。2011 年以来，我国新分离的猪伪狂犬病流行毒株，其基因发生变异，导致伪狂犬病毒抗原性发生变化，造成现有的伪狂犬病疫苗对当前流行毒株不能完全保护。此外，接种疫苗时的散毒和注射后的排毒，成为传播疾病新的源头，且不同毒株的疫苗之间还可能重组，形成一种新的病原。目前，不少猪场接种疫苗时随意性很强，不切合实际的免疫计划，盲目引入新型毒株疫苗，随意增加或减少免疫剂量，错误地认为接种的疫苗种类越多越好，甚至超剂量接种。结果导致免疫失败、免疫麻痹与免疫耐受，病原体的易感性增强，不仅造成疫苗的浪费，更重要的是猪场疫病防控的稳定性越来越差，最终使动物不能获得特异性免疫力，暴发疾病。免疫检测不到位，每次免疫注射该不该做，以及疫苗毒株的选择、剂量等非常模糊，也可导致动物疫病在养殖场不断发生与流行。

接种疫苗时，哪些是必须接种的，哪些是可接种可不接种的，哪些是没必要接种的，都必须一一弄明白。在制定免疫程序时，应根据自己猪场的实际情况，结合当地疫病流行状况和疫病监测时抗体的消长规律以及猪的种类、年龄、饲养水平、母源抗体水平、疫苗的性质和类型、免疫途径等各方面的因素综合考虑，而不是照抄照搬别人推荐的免疫程序。免疫程序一旦制定之后，要随时跟踪，定期监测免疫效果，及时调整、修改、补充、完善。当一个免疫程序的免疫效果处于相对稳定状态时，切忌随意改动，包括任意增加或减少免疫剂量，随意添加或去除疫苗种类，随意更改免疫时间、免疫频率和免疫密度等。否则，导致的结果将是灾难性的。

五、有制度无落实

落实疫病防控制度和生物安全措施对猪场疫病防控起着关键作用。养猪行业专业性极强，必须制定科学的疫病防控安全体系，并严格执行。绝大多数猪场疫病防控制度的条条框框一大堆，制度上墙，形同虚设。养殖场老板或职业经理人不一定是养猪专家，但一定是养猪行家，对猪场管理的各个环节、工艺流程必须一目了然，并不断地督促检查制度落实情况。只有认真地严格执行疫病防控体系的各项管理制度，才能确保猪场无重大疫情发生，从而避免造成不必要的经济损失。

第二节　牢固树立营养决定健康的理念

一、营养的重要性

世界卫生组织定义亚健康为介于健康与疾病之间的一个边缘状态，又叫慢性疲劳综合征。其中，由母猪慢性疲劳综合征造成的产能、繁殖效率低下的一个重要原因就是营养缺乏。营养是母猪繁殖性能表现、免疫功能发挥的物质基础，与免疫、疾病之间存在密切关系。当母猪处于营养不良或失衡状态下时，将引起代谢性疾病，抗应激能力变差，机体免疫活性和免疫应答能力降低，主要表现为：后备母猪初情期启动延缓、乏情和卵巢功能退化；妊娠母猪早产、流产，产仔数减少，死胎、弱仔率增加；新生仔猪体重小、活力差，易发病；哺乳母猪泌乳力低，断奶发情延迟或乏情，下一胎次繁殖性能下降等。当母猪健康异常时，首先

表现为对营养需求的变化。若母猪出现肢蹄病，说明机体需要大量的钙、磷及微量元素；如果哺乳期母猪失重掉膘严重，说明日粮能量、蛋白质、赖氨酸缺乏。

二、精准营养与精确饲喂

母猪具有复杂的生理阶段，对其营养需要的精准掌握，除了充分考虑遗传、不同生理阶段、胎龄、产仔数、体况、生产水平的变化和健康状况等差异外，还要考虑季节、设施、环境条件等变化。如果我们墨守成规，严格执行饲养标准一成不变，就可能造成营养物质的相对缺乏，使免疫系统的功能受到一定程度的损伤，母猪健康不佳，繁殖性能下降。

目前，我国大多数种猪饲料营养分为后备母猪营养、妊娠母猪营养和哺乳母猪营养。这种分类不够精细和精准，不分猪场、品种、品系、季节、生理阶段、环境条件等因素，势必会导致营养缺乏。在生产过程中，母猪出现的大部分问题与营养物质和种猪各生理阶段、环境条件需求的实际情况不匹配，导致营养缺乏或失衡、消化系统功能紊乱有关。要想实现母猪健康发育、繁殖成绩最大化，营养供给必须精细化到后备母猪营养、一胎母猪营养、二胎母猪营养、空怀母猪营养、怀孕前期营养、怀孕中期营养、怀孕后期营养、攻胎母猪营养、哺乳母猪营养、断奶母猪营养和种公猪营养等 11 个生理阶段，而且还要根据不同品种、季节、环境条件、饲养管理水平适当做出相应的调整，并辅于精确饲喂。

三、低蛋白质平衡氨基酸日粮

所谓“低蛋白质平衡氨基酸”日粮是指日粮蛋白质水平低于饲养标准推荐值2%～4%，同时添加合成氨基酸的日粮。母猪饲喂低蛋白质平衡氨基酸日粮的理由有以下几点：一是大量添加豆粕时，排泄物中的氮对环境严重污染。豆粕中的氮含量很高，但只有很少一部分氮沉积到猪体内。例如，一头断奶至 100 千克的育肥猪需要消耗 8～10 千克的氮，其中只有不到 3 千克的氮被沉积到猪体内，超过 5 千克的氮随粪尿排泄到土壤中（被排泄掉的氮中 33% 在粪中，67% 在尿中），污染水土。二是长期采食高蛋白质日粮对母猪的健康有直接和间接的不利作用。采食高蛋白质日粮时，未消耗的粗蛋白质和碳水化合物一起进入后肠道，作为微生物发酵和增殖的底物，破坏肠道微生物菌群平衡，并产生大量有毒、有害物质，如组胺、腐胺，导致母猪富集性毒物慢性中毒，影响母猪健康和营养物质的吸收。过量的蛋白质不仅使机体对氮的利用效率降低，而且增加了机体内氮周转、排泄过程中能量消耗，以及尿能损失，能量利用效率下降。三是长期进食过量蛋白质，使肝脏、肾脏负担长期加重。猪采食低蛋白质平衡氨基酸日粮，肝脏、肾脏代谢负担减轻，对病原微生物抵抗能力更强。而且舍内氨气、硫化氢有害气体浓度下降，有效减轻呼吸道疾病防控压力。四是我国蛋白质饲料资源长期紧缺，每年从国外进口70%以上（接近1亿吨大豆，且逐年增加），对我国养猪成本造成巨大影响。

四、纤维素的营养价值

鉴于纤维素在动物营养和健康机制等各方面的特殊生理功能，纤维素成为第七大营养素。其在母猪饲养过程中具有重要的生理功能。

1. 预防便秘

纤维素具有较强的持水性，可以改变肠道食糜状态，增大胃肠道内容物体积；改善粪便与肠壁的润滑条件，增加肠道蠕动，促进排便；减少粪便在肠内的运送时间，并使排便逐渐变得有规律，有效地预防母猪便秘。

2. 提高母猪福利

纤维中含有果胶、β-葡聚糖、海藻多糖等糖类，吸水后溶胀，通过分子之间的交互作用使食糜呈现团块，扩大体积，能增加饱腹感，可有效缓解妊娠母猪因限饲引发的饥饿应激（如咬栏、无食咀嚼的怪癖行为），为母猪提供更好的动物福利。

3. 促进肠道健康

纤维素经肠道微生物发酵后，改变肠内微生物的种类和数量，滋生有益菌，抑制肠道内有害细菌，对调控动物肠道健康机制具有一定的作用。纤维素被微生物发酵降解为挥发性脂肪酸，可为动物供能。多糖分子与胃酸作用后形成胶状液，附着在胃壁上形成保护膜，可修复母猪受损的胃肠黏膜，有效防治母猪胃溃疡。

4. 吸附毒素

纤维素通过大量吸收水分，增大粪便体积，可使重金属、有害物质、毒素吸附在粪便团块内，从而降低有害物质浓度，并加速其排出，减少

与肠壁黏膜接触的时间。因而添加纤维素可预防或降低母猪感染肠道有害细菌、病毒、毒素的概率，让母猪肠道更健康。

5. 提高繁殖性能

妊娠期母猪采食高纤维日粮最显著的效果是提高产仔数，增加母猪泌乳期采食量，通常在连续添加纤维素后的第2个繁殖周期明显。青绿饲料中所含有的大量维生素有利于胚胎的存活，增加了产仔数和断奶活仔数。

6. 改善泌乳性能

日粮纤维的添加可缩短母猪产程，减少产仔过程中的体能消耗，为分娩后改善泌乳提供更多的机会。另外，纤维素有强大的吸水力，增加母猪饮水量，能促进泌乳。

第三节　重构母猪非特异性免疫体系

非特异性免疫又称先天性免疫或固有免疫，是动物机体先天具有的正常的生理防御功能，可对入侵机体的各种病原微生物和异物做出相应的免疫应答，具有作用快、范围广、没有特异性、没有记忆、没有再次反应等特点，是动物机体天然的第一道防御线。

一、非特异性免疫体系的重要作用

1. 免疫防御

非特异性免疫因素主要包括外部屏障（皮肤、黏膜）、正常菌群、单核巨噬细胞系统、补体和干扰素等，如动物完整的皮肤对病原微生物的入侵具有阻挡作用。而黏膜（95%以上的感染发生于黏膜或从黏膜入侵）上存在着大量的免疫细胞（如淋巴细胞、巨噬细胞），且黏膜表面的上皮细胞间紧密排列，与皮肤一起形成一道天然的免疫防御屏障，将机体内环境与外界环境隔开，免受外界多种病原微生物的侵扰。

2. 免疫自稳

非特异性免疫具有主动识别和清除自身在新陈代谢过程中衰老、死亡的细胞和残损组织的能力。同时，能清除大量病原微生物被杀灭后的残留物、药物代谢物、饲料中过量的重金属等。以此维持机体内环境的

稳定，从而保持机体各项生理功能的平衡。

3. 免疫调节

非特异性免疫能激活T、B淋巴细胞，提高免疫球蛋白和抗体水平，提高吞噬细胞活力和产生非特异性免疫调节因子。例如，干扰素具有特殊功能的蛋白质，有很强的抗病毒作用。

4. 免疫监视

非特异性免疫具有杀伤和清除机体异常突变细胞的能力，以此监视和抑制体内肿瘤细胞的生长。

二、重构非特异性免疫屏障的途径

众所周知，动物感染病毒几乎没有任何药物可以将其直接杀死，只能依靠动物本身的免疫细胞、亚细胞成分及其分泌物来杀灭。如果不能从根本上重构母猪非特异性主动免疫功能，接种疫苗很难达到预期效果。且许多条件性病原体所致的呼吸道、消化道、生殖道感染和非条件性病原体因素引起的应激反应性疾病的发生没有规律，而特异性免疫又无法解决，只有重构非特异性主动免疫功能，才是解决问题的根本出路。

1. 科学养殖

当上皮和黏膜完整时，病原微生物就无法通过上皮和黏膜入侵机体，也就不会发生一系列症状。因此，精准的营养、科学饲养管理，才能充分调动非特异性免疫的功能，降低猪病发生的概率。如维生素A对维持上皮细胞和黏膜的完整性具有重要作用，当维生素A缺乏时，免疫器官萎缩，体液免疫和细胞免疫机能下降，上皮细胞和黏膜的完整性被破坏，病原微生物很容易入侵机体。

2. 维持肠道有益菌平衡

动物机体超过80%的免疫功能在于维持肠道中益生菌的生态平衡，自仔猪出生摄取初乳开始，肠道中的菌群便开始逐渐发挥作用，免疫功能也由此启动。如果消化道有益菌群失去平衡，将诱发腹泻、咳嗽、喘气等疾病。因此，应减少一切有损肠道有益微生物菌群平衡的行为，并补充有益菌。

3. 解除免疫抑制

近年来，圆环病毒（破坏淋巴系统）、蓝耳病毒（破坏巨噬细胞免疫功能）、猪瘟病毒（导致免疫系统崩溃）和霉菌毒素中毒，是导致免疫器官损伤、免疫功能丧失，猪病多发的根源。母猪隐性带毒，破坏机体非特异性免疫力，导致免疫功能障碍，丧失抵抗能力或形成免疫抑制性疾病。在这种情况下，接种疫苗不但机体不能产生免疫应答，还可能激发机体隐性感染病毒，使母猪带毒传播，易造成猪场疫病暴发。制定合理的免疫程序，定期监测，发现阳性猪坚决予以淘汰，并做无害化处理，以期达到净化的目的。

第四节　构建生物安全体系的途径

生物安全体系是阻止、切断传染源进入猪场，控制疫病传播，减少或消除疫病发生所采取的一系列综合防范措施。建立健全生物安全体系是保障母猪健康，降低饲养成本，提高繁殖效率的重要途径。

一、科学选址与设计

1. 选址与布局

场址应具备良好的自然环境条件，地势高燥，向阳避风，交通方便，远离交通要道、化工厂及其他污染源，与居民区保持在1000米以上，与其他畜牧场、屠宰场、兽医机构保持在3000米以上。水源充足、安全、水质良好，具有足够的空间排放、处理粪尿和污水，最好配套有鱼塘、果林或耕地。

场区布局设计合理。原则上有利于猪群的正常流动和防疫要求，特别是保证人员、车辆、物资的消毒和隔离。常见的三区式设计包括生活管理区、生产管理区和生产配套区（饲料车间、仓库、兽医室、更衣室等）。各区域之间距离为500～1000米，严禁生产区和生活区混为一体，人、畜混居。由上风向到下风向，按生产线顺序依次为后备母猪舍→种公猪舍→空怀待配母猪舍（须设有运动场）→妊娠母猪舍→产房→仔培舍→种猪待售舍→出猪台。生产区内备有防疫隔离舍，种猪测定室，种猪和商品猪隔离、消毒区，病死猪隔离、消毒、无害化处理专用区域，物料隔离、消毒区域和粪尿处理专用通道。各猪舍间可栽种树木、花草，用于净化空气，阻断病原微生物的传播途径。猪舍设计原则为有利于圈舍内小气候环境的有效控制和改善，有利于防疫消毒，有利于通风、保温、隔热、防寒。

2. 合理的饲养工艺流程

全进全出制（AIAO）是指将猪群繁育过程细分为后备、配种妊娠、分娩等阶段，再把同一阶段的猪群以周为单位分成若干个小单元，同一阶段同一批次的猪群同时进入同一单元，饲养一个生理阶段后，全部同时离开并进入下一个生产阶段猪舍的饲养工艺。实践证明，同进同出，有利于猪舍、设备、用具的彻底清洗、消毒和空栏，可以彻底清除和杀灭猪舍环境病原微生物，能有效切断病原微生物在猪群之间连续交叉感染，阻断疫病传播途径，有利于疫病的防控。

各生产区生产流程以“周”为节律，采用工厂化流水线作业方式。如万头猪场生产线中，每周参加配种的母猪 24 头，保证每周能有 20 头母猪分娩。在配种舍内饲养有空怀、后备、断奶等待配阶段的母猪，对产仔少、哺乳能力差的母猪，可将仔猪进行寄养并窝，提前转回配种舍等待配种。断奶当天母猪转入配种舍后，先在运动场饲养 3 天，仔猪原圈饲养 7 天后转入保育舍。将确定妊娠的母猪转入妊娠舍饲养，在临产前一周转入产房，然后在分娩舍内饲养 4 周，仔猪平均 21 天断奶。

二、构建健康的种猪群

国外利用无特定病原体（SPF）猪建立健康的种猪群，我国在这方面起步较晚。

首先，从引进和培育健康的种猪源开始，特别应注意引种前的检验检疫，引种后的隔离观察。引种最大的风险就是引进病原微生物，打破原来固有猪群的健康状态。如何才能避免引种风险？一是不盲目引种，坚持自繁自养的原则。若必须引种，必须确保从没有疫病流行地区、管理科学规范的种猪场引种。原则上从一个种猪场引进与本场猪群健康状况相同的优良后备母猪，避免从不同猪场引种增加发生疫病的风险。二是必须全面了解引进猪场种猪的健康状况、饲养管理水平、繁殖成绩、免疫程序、病原谱、疫病防控相关的基本信息等。三是对引进的种猪严格检验检疫和健康检查，杜绝引种带入隐性感染的种群源。四是种猪到场后必须在隔离舍隔离饲养 30～45 天，并严格消毒、严格检测，进行适应性驯化，并认真观察记录，确认没有细菌性感染阳性和野毒感染后，方能入场。其次，引进优良种猪精液，降低引种风险。最后，制定严格的淘汰标准，严格淘汰老、弱、病、残及生产成绩低下的种猪。

三、建立健全消毒制度

病原微生物可通过空气、饮水、物品、车辆、人员和动物等不同的途径进入猪场（见图 7-1）。切断病原微生物传播途径的最有效方法是消毒。消毒是指用物理的、化学的、生物的方法杀灭病原微生物的方法。消毒不仅能够杀菌（包括真菌、病毒及其产生的毒素），还能杀灭传播媒介上的病原微生物，使之无害化。

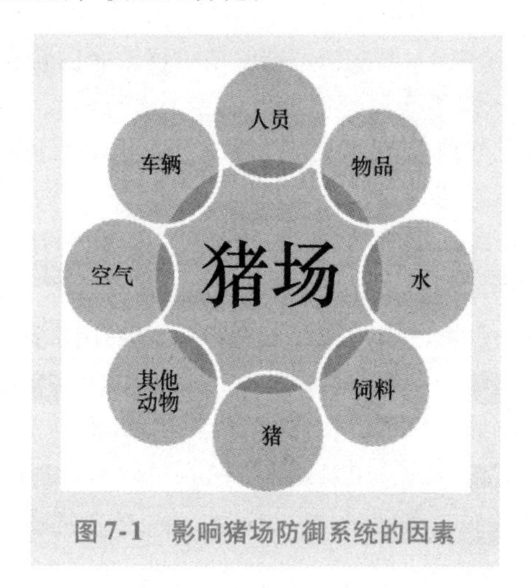

图 7-1　影响猪场防御系统的因素

（1）生活区　生活区包括办公区、餐饮区、住宿区及其周围环境，每月大消毒 1 次。

（2）生产区

1）生产区正门设置车辆、人员、物资出入的冲洗、消毒专用通道，消毒液每周至少更换 2 次，保持有效浓度。出入生产区、隔离舍、出猪台的车辆要彻底消毒，且车辆司机不许离开驾驶室与场内人员接触，随车装卸工要同生产区人员一样消毒、更衣、换鞋。

2）生产区实行封闭式管理。严禁外来人员进入生产区，工作人员不得随意出入。

3）生产区道路和两侧5米范围内、猪舍间空地，每月至少消毒2次。

4）生产区每栋圈舍出入口须设立专用消毒池和消毒盆，进出人员必须脚踏消毒池，洗手消毒后方可出入。每周至少更换2次消毒液，保持有效浓度。不同生产区、圈舍人员禁止来回走动，物品做到专舍专用。对饲养管理用具，如铁锹、扫把、饲槽、水槽、产床和产箱等应定期消毒。

5）每周带猪消毒1~2次，配种怀孕舍每周至少消毒1次，分娩保育舍每周至少消毒2次。母猪出入产房时须对体表冲洗消毒，防止体表病原微生物和寄生虫垂直传播。

6）水塔每年清洗1~2次，可向水塔内投放漂白粉等消毒剂。

（3）全进全出制猪舍 全进全出制猪舍转群前、后应彻底冲洗消毒，具体程序为：清扫→水冲洗→火碱（氢氧化钠）消毒→火焰消毒→熏蒸消毒或喷洒消毒液→干燥通风。

具体的操作步骤：①猪群全部转出后，不留死角地进行彻底打扫干净；②用高压水枪冲洗所有地方；③全方位消毒供水系统和所有设备；④用2%~3%的火碱喷洒消毒，经12小时干燥后用水冲洗。对于封闭式畜舍可用甲醛和高锰酸钾熏蒸消毒1次，有条件的猪场也可用火焰消毒；⑤畜舍晾干后用高效、广谱、长效的消毒剂喷雾消毒1次；⑥晾圈至少一周时间；⑦转猪前一天，用高效、广谱、长效消毒剂再次消毒1次。

（4）售猪周转区 周转猪舍、出猪台、磅秤及周围环境每售一批猪后大消毒1次。

（5）更衣房消毒

1）进入生产区的所有工作人员上、下班时，必须在沐浴区洗澡后，穿上消毒过的防护服、工作服、鞋帽，完成更衣后再用消毒液洗手，然后脚踏消毒液才能进入生产区。工作人员不准携带自身物品进入生产区，沐浴后换洗的衣物、鞋帽及配饰须留在消毒房外间衣柜内，存储在更衣室，并熏蒸或浸泡消毒。下班后，工作服留在里间衣柜内，然后在外间穿上自己的衣服、鞋帽回到生活区。

2）更衣室每周消毒一次，工作服清洗时消毒。换衣间、洗浴间须保持清洁干净、整齐有序，衣物摆放整齐、整洁，禁止随意乱拿乱放。

四、建立健全卫生防疫制度

（1）生产区与非生产区分开 为确保养猪生产的顺利进行，将猪场分生产区和非生产区。非生产区工作人员及车辆严禁进入生产区，确有需要者必须经场长或主管兽医批准并经严格消毒后，在场内人员陪同下方可进入，且只可在指定区域内活动。

（2）日常预防消毒 按照卫生防疫制度，做好日常预防性消毒工作；达到净化环境、消灭病原微生物，切断传播途径的目的。

（3）生活区防疫制度

1）生活区大门应设消毒门岗，所有入场人员均应通过消毒专用通道。

2）每月对生活区环境进行一次大清洁、消毒、灭鼠、灭蚊蝇。

3）任何人不得从场外购买动物及其制品入场，不得在场内饲养猫、狗等宠物，防止交叉感染和疫病传播。

4）饲养员、技术员不得随意外出，杜绝在屠宰场、养猪场逗留。

5）员工休假回场或新招员工须在生活区隔离2天，并经严格消毒后方可进入生产区。

6）搞好场内卫生及环境绿化工作。

（4）购销猪防疫制度

1）外购种猪，须经过严格检验检疫，并在隔离舍饲养观察30～45天以上。确认健康后，经冲洗干净并彻底消毒后方可进入生产线。

2）出售猪只时，须经兽医临床检查无病方可出场。出售的猪只只能单向流动，如质量不合格退回时，要做淘汰处理，不得返回生产线。

3）生产线工作人员出入隔离舍、售猪区时要严格消毒、更衣、换鞋，不得与外人接触。

（5）工作人员管理制度 生产线内工作人员，不准留长指甲，男性员工不准留长发，不得带私人物品入内。

五、建立健全兽医防疫制度

1）贯彻预防为主，治疗为辅的原则。加强饲养管理，提高猪群抗病能力，有效地降低猪群的发病率、死亡率，减少疾病造成的损失。

2）调查本地区疫情，掌握流行病的发生、发展等信息，及时制定相应综合防治措施。一旦发生疫情或受到周围疫情威胁，应及时采取紧急封锁等措施。

3）各舍须设1～2个病猪专用栏。发现疫情迅速隔离，及时保护还没有接触病原体的猪。对症状轻微和生产性能下降的个体应立即隔离、治疗，严格消毒，消灭传染源，避免疾病的发生和流行。对重症濒临死亡的猪只，及时无害化处理，被污染过的栏舍、场地须彻底消毒、封锁，切断传播途径。对病猪须严格临床检查，如体温、食欲、精神、粪便、呼吸和心率等，并做出正确诊断，不能确诊的要采取病料化验。病猪解剖须在解剖室进行，并详细记录病志、临床检查、剖检记录、死亡记录等。

4）必须坚决淘汰没有经济价值和种用价值的老、弱、病、残猪，因它们是疾病传播的潜在传染源，风险极高。

5）敏感生产指标的变化是判断猪群健康状态异动的风向标，把日常猪群健康情况（如采食、饮水、呼吸、精神状态，粪尿和肤色等）观察和生产数据详细记录常态化，发现问题，及时采取措施，严重疫情，及时上报。

6）定期进行检疫和抗体检测、疾病检测、饲养环境质量监测。针对流行范围广、危害性大的病种，通过严格的隔离消毒措施建立无特定病原体的核心繁育区，有计划、有步骤地逐渐净化和根除。

7）猪场的污水、粪尿是疾病的传染源，必须无害化处理，达标排放。部分病原体通过污水侵入到土壤后仍能存活。

8）正确保管和使用疫苗、兽药，凡是过期、变质、失效、有质量问题的一律禁止使用。严格按说明书或遵医嘱，给药途径、剂量、用法要准确无误。用药后，观察猪群反应，出现异常不良反应时要及时采取补救措施。有毒副作用的药品要慎用，注意药品的配伍禁忌。

9）免疫接种必须严格按照免疫程序进行操作，做好免疫计划、免疫记录。注射用针头，应确保一猪一针头。医疗器械用后须清洗、消毒，用前用沸水煮30分钟，不同猪舍不得共用注射器等。

10）接种活菌苗前后1周停用各种抗生素。免疫发生过敏反应时肌注肾上腺素，为预防过敏反应及加强免疫效果，可在免疫前饮水添加抗应激、免疫增效剂。

11）杜绝使用发霉变质饲料及原料。

第五节　走出抗生素保健的误区

一、抗生素保健的误区

保健泛指保护动物健康的一切措施。为动物提供均衡的营养、舒适的环境，或为提高饲料利用率而添加酸化剂、酶制剂等，或为促进动物的健康状况而添加免疫调节剂，以及补充因生产和环境的变化引起的营养缺乏等措施均称为保健。而抗生素是在动物感染病毒病期间为控制继发感染、减轻后遗症，或者用于治疗细菌性疾病的药物。保健品和药物的最大区别是：保健品治本，药物治标；保健品用来修补受损的组织，药物是暂时控制疾病症状的，但会造成机体损伤；保健品适用于所有动物，药物只针对发病的动物；保健品没有副作用，药物有副作用；保健品可提高药物的疗效，药物却增加对保健品的需求。

换句话来说，抗生素不是防病的首选，而是治病的首选。因为抗生素是通过破坏微生物细胞壁、干扰微生物的各种代谢途径、阻碍遗传物质的复制等方式杀灭微生物的。即当宿主动物的防御机能完整的时候，使用抗生素做保健反而干扰有益微生物的复制、繁殖、生长，并杀灭了动物机体赖以生存的有益菌，衍生一系列危害动物健康的问题，导致抗病力下降而患病。而且，抗生素对动物脏器造成伤害和毒副作用。此外，抗生素还可导致细菌以更快的速度耐药，变得无药可用，并激化了病毒的演变进化。显然，当猪在健康状况下使用抗生素做保健，不但保护不了猪的健康，起不到保健预防疾病的作用，而且会产生毒副作用，威胁猪的健康乃至生命。目前，许多规模猪场的管理者常常把抗生素当成养猪防病的一种“安慰剂”，无论猪是否有问题，总爱给猪饲喂抗生素，否则心里总感觉不踏实。岂不知这种抗生素保健模式，既增加了养猪成本，又打破了由“动物、微生物、环境”三者建立的平衡状态，破坏了动物健康和环境安全，是一种极其危险的行为习惯。

二、滥用抗生素的危害

1. 耐药菌的产生

抗生素的作用机理多是通过抑制细菌遗传物质的复制来阻碍细菌大规模繁殖，但很不幸的是遗传物质的一个重要特性就是变异。当体内环境中存在不利于某种遗传物质复制的因素时，极易导致病原体遗传物质不断地发生选择性变异或基因重组，产生新的血清型，使病原体的毒力和致病力增强，产生多重耐药性毒株与菌株，以及“超级细菌”，引发动物新的疫病暴发、流行。目前，已知最易产生耐药性的细菌有巴氏杆菌、大肠杆菌和金黄色葡萄球菌。

导致耐药性细菌产生的主要原因是抗生素的滥用，如长期大量、反复多次使用单一抗生素，用药剂量不足、疗程不够，频繁更换药物、直接使用原料药等。耐药性细菌更为严重的危害：一是耐药性细菌通过耐药质粒传递耐药性，且与体内敏感菌中的同种基因重新组合，使之产生耐药性；二是耐药性细菌携带耐药基因信息，通过环境、动物源性食品等，实现“种间传递”（人或其他猪只），有的形成“超级细菌”，从而增加人体耐药性，引发人群的感染，甚至是感染性疾病的暴发；三是为了对付日渐顽固的细菌，抗生素的品种必须不断地更新换代。如20世纪70年代中期，对于急性上呼吸道感染，一次静脉注射青霉素3万单位就能见效，而现在青霉素的注射剂量都在800万单位以上。

2. 造成肠道微生物菌群的崩溃

正常情况下，动物肠道内微生物菌群（包括有益菌、有害菌）始终处于平衡状态，这有利于动物健康。在饲养管理过程中，如果大量、频繁地使用抗生素，大量有益菌被抑制和（或）杀灭，某些条件性致病菌乘机繁殖，肠道菌群失调，腹泻、便秘等肠道疾患接踵而至。大多数猪场会立刻再次使用抗生素治疗腹泻、便秘等肠道疾病。此时，肠道内微生物菌群经过两次以上抗生素“荡涤”之后，肠道菌群平衡彻底崩溃，继而引发动物机体的二重感染，动物再发病或死亡，猪场会再一次陷入疾病与用药的恶性循环当中。

3. 毒副作用

抗生素是药，不是营养物质，是药“三分毒”，都有明显的毒副作用，包括神经毒性反应、造血系统毒性反应、肝肾毒性反应、胃肠道毒性反应、过敏反应、变态反应、后遗效应，以及致畸、致癌、致突变效应。其中，肝肾毒性反应在猪场尤为常见。如过量使用磺胺类药物会形成尿结晶、蛋白尿、血尿，刺激胃肠道；苯并咪唑有致突变、致畸作用；喹诺酮类抑制脱氧核糖核酸合成等。

4. 药物残留

长期频繁大量使用抗生素会导致抗生素残留在动物的脏器、肌肉等组织中，影响动物源性食品的质量和安全。一旦人们进食了残留有抗生素的动物源性食品，就会引起过敏、急性中毒或蓄积性慢性中毒，威胁人类健康。而且动物对特定疾病的耐药性也会随之传递给人们，加大人类罹患某些疾病的治疗难度。另外，人和养殖动物大量服用的抗生素绝大部分药物以原形排出，进入水土环境中。不同的药物在动物体内的半衰期不同，如诺氟沙星半衰期较长，在自然界中化学稳定性很好，需要足够长的时间降解。如果人类长期低剂量摄入含有喹诺酮类的水、食品，直接的结果就是产生耐药性。

5. 免疫机能日趋低下

长期使用抗生素对体液免疫和细胞免疫调节具有明显的抑制作用，显著降低非特异性免疫，使动物机体抗病力低下，易受各种病原微生物的侵袭。其次，自身免疫系统紊乱，肝肾代谢失常，往往会引起猪场疫病的发生与流行。

三、后抗生素时代

1. 无抗养殖是大势所趋

目前，全球养殖业已经掀起“减抗”“限抗”和“禁抗”的热潮，无添加抗生素养殖已是大势所趋。中华人民共和国农业部公告　第2292号中禁止在食品动物中使用洛美沙星、培氟沙星、氧氟沙星、诺氟沙星4种兽药。母猪饲养过程中禁止使用的药物见表7-1。

表7-1　母猪饲养过程中禁止使用的药物

名　　称	禁用的理由
糖皮质激素类（主要是地塞米松）	免疫抑制剂，导致流产
病毒唑（利巴韦林）	引起厌食、骨髓抑制和贫血、胃肠功能紊乱
磺胺类	干扰叶酸代谢，抑制骨髓造血，破坏B，T淋巴细胞
氟苯尼考	抑制蛋白质合成，影响造血，具有血液毒性
氨基糖苷类	胎儿致畸
抗螨虫类、苯硫咪唑类	胎儿致畸（特别是怀孕20～40天）
大环内酯类、抗寄生虫（伊维菌素）	引起怀孕后期流产
四环素类	大量长期使用，导致产后无乳、仔猪贫血

2. 替抗的路还有多远

目前，微生态制剂、有机酸、中草药、酵母提取物、功能肽、有机微量元素等运用的深入开展，为“替抗”提供了技术手段。在应激和病原感染条件下，额外添加维生素 A、维生素 D、生物素、叶酸等，具有一定抗病、抗应激、改善免疫力的功效。中草药含有的免疫活性物质能增强机体免疫机能，提高动物抗应激、抗病的能力，改善动物生产性能，且具有无残留、不易产生耐药性等优点，已被广泛用来替代抗生素。另外，从增强动物健康和免疫的角度出发，通过螯合有机微量元素的开发与应用可提高动物对于微量元素的消化吸收利用率，减少环境污染，增强动物健康、保障组织结构完整性，减少对抗生素的使用。

此外，利用生物发酵技术，不仅能为饲料工业提供氨基酸、维生素、酶制剂、有机酸和活菌制剂等大量替代抗生素产品，而且通过发酵技术可以生产无抗日粮。运用酸化剂、植物精油、微生态制剂等产品，可有针对性地对肠道内大肠杆菌、沙门菌、梭菌等有害菌进行抑制和调控，从而减少抑制或杀灭这些有害菌对抗生素的依赖，保障动物肠道健康。还可以通过有益微生物、酶制剂的应用，有效降解消除抗营养因子的不良影响，提高动物对能量和蛋白质等养分的消化利用率，稳定提升饲料产品质量，提高动物免疫力和肠道健康，改善养殖环境。

目前，通过以上技术和手段的运用，不仅能大大降低养殖成本、提高动物健康水平和养殖效益，而且还可以解决长期困扰畜牧业发展的抗生素残留问题，生产高质量的畜禽食品。

第六节　肠道健康才能常健康

一、肠道健康的重要性

1. 肠道健康是母猪健康的基础

胃肠道是机体最大的消化器官，既是食物加工、变化、转运的通道，又是微生物（包括病原微生物）进入机体的通道和栖息的场所。动物采食的全部食物首先在胃肠被酶消化。在所有体组织中胃肠道蛋白质合成速率最高，占到每日体蛋白质总量的20%以上，故胃肠道承担着母猪所需全部营养物质（除氧气外）的供给任务。其次，胃肠道是体内最大的内分泌腺，可分泌至少20多种激素、调节肽及其受体。胃肠道还是体内最大的免疫系统，是肠道淋巴组织内大多数淋巴细胞和其他免疫细胞作用的主要部位。此外，动物肠道还有化学感应和接收机体信号的功能，小肠不是被动吸收通道，实际上在吸收之前还有调节控制功能。因此，养好胃肠不仅为机体正常生理机能、生长、发育与繁殖提供丰富的营养物质，还可以提供坚强的免疫保护。

2. 营养物质在消化道内的代谢对动物健康的影响

消化道营养物质代谢是机体营养代谢的前提。日粮氮经过消化道代谢产生粪氮，如果产生过多的氨气，不仅影响肠道健康、污染环境，还造成营养物质浪费。日粮消化不良、后肠发酵及菌群失调、炎症及氧化应激反应、消化道屏障损伤及免疫反应，都会影响肠道健康。

3. 胃肠道菌群对母猪健康的影响

仔猪出生时产道微生物和环境微生物很快进入机体，并迅速增殖。刚出生的前几周，由于肠上皮会发生形态的变化，蛋白质合成增加，以及由日龄和日粮引发的消化道功能的变化，使肠道菌群在快速变化的黏膜表面上交替建群。单胃动物胃肠道稳定的微生物发酵对病原菌的建立有抵制作用，影响病原菌建群。特别是乳酸菌能有效地抑制病原菌的大量繁殖。

肠道微生物菌群与宿主处于一种延续的互利共生状态，宿主本身、日粮、微生物区系三者之间保持动态平衡，有利于建立稳定的微生物生态系统。饲养管理条件如转群、接种、气候、饲喂方式、换料等因素的改变很容易打破这种平衡，许多有害过路致病菌的快速定植、增殖，霸占器官组织，可能造成动物机体感染。生存环境或日粮底物的改变又对肠上皮分化和生长产生影响。

二、影响肠道健康的因素

1. 中毒因素

饲喂发霉变质的饲料、饮用污染的水源、饲料重金属盐超标、抗生素超剂量添加等引起的中毒，都可造成肠道黏膜免疫系统、组织器官、胃肠道机能破坏，影响肠道的健康。

2. 代谢因素

饲喂营养不全、不均衡、质量低劣的日粮，造成机体营养缺乏，直接影响肠黏膜免疫功能和胃肠道健康。如维生素 B 缺乏，猪表现厌食、消化不良、腹泻等；缺乏维生素 D 及钙磷比例失调时，可引发佝偻病、胃肠道机能下降、消化不良、食欲减退、发育停滞；缺乏维生素 E 与硒，可引发猪消化道机能紊乱、食欲不振、呕吐、腹泻、便血和营养应激等；缺铁可引发仔猪营养性贫血、食欲减退、周期性下痢与便秘；缺锌可引发猪厌食、胃肠道机能紊乱、生长发育迟缓等。营养缺乏与许多营养代谢病的发生，对猪胃肠道的健康都会造成危害。

3. 氨基酸

肠道黏膜必需氨基酸的代谢，在调节肠形态和功能完整性中起着重要作用。每天食入的谷氨酸、天冬氨酸进入肠黏膜后，成为小肠能量的主要来源，为小肠养分的主动转运和蛋白质周转提供足够的能量。

三、促进肠道健康的措施

1. 营养调控措施

（1）饲喂营养全面均衡的优质全价日粮　尽可能使用低蛋白质平衡氨基酸日粮，严禁饲喂质量低劣的饲料，保证有足够的蛋白质、氨基酸、微量元素和各种必需的维生素。

（2）提高饲料消化率　选择消化率高的优质原料及其组合可以明显增强消化道的抗病力。过多使用消化率不高的饲料原料，易损伤动物的消化道，导致腹泻。如饲料的可消化性由 95% 降到 88%，70% 的小猪都会出现腹泻。

（3）降低日粮蛋白质水平　日粮不同蛋白质水平对微生物氮代谢相关的酶活性影响显著。较高蛋白质水平会增加肠道微生物对氮的代谢，产生有毒有害含氮化合物。低蛋白质水平可以减少肠道病原菌如产气荚膜梭菌的产生。

（4）添加膳食纤维　日粮纤维经肠道共生菌发酵后产生短链脂肪酸，能很快被宿主动物吸收，可以提供其总能量的 10%～30%，是宿主动物能量的重要来源。微生物分解纤维后产生的丁酸盐类是肠道上皮细胞的重要能量来源，且能促进肠道上皮细胞的增殖和分化，加强机体的免疫屏障功能和防控致病菌能力，对动物的免疫系统起到积极作用。

（5）其他　通过添加丁酸、功能性氨基酸、有机微量元素、酸化

剂、植物提取物和功能性多糖等，不仅能改善肠道 pH，抑制肠道有害菌，补充肠道上皮黏膜营养，还可以修复受损的组织，提高肠道健康水平。

2. 维持肠道菌群平衡

母猪日粮中补充益生菌可保持肠道菌群平衡，修复和改善因长期滥用抗生素导致的菌群结构失衡，提高免疫力和饲料利用率。

（1）提高饲料利用率 益生菌代谢活动产生多种消化酶、B 族维生素、氨基酸、未知生长因子等，帮助动物提高饲料利用率。益生菌还可以调节肠道绒毛长度，增加黏膜隐窝深度，增大小肠吸收面积，改变肠壁的厚度和通透性，对提高营养物质消化吸收能力具有积极作用。未消化的蛋白质、非消化碳水化合物进入大肠后经微生物发酵代谢，合成产生菌体细胞和大量短链脂肪酸，为机体维持需要提供约 15% 的净能。这对母猪的健康和繁殖性能的提高具有重要的意义。

（2）改善肠道微生态环境 有益微生物具有调节肠道菌群结构，竞争性抑制病原微生物黏附到肠黏膜上皮细胞上，并与病原微生物抢夺有限的营养物质和生态位点，从而抑制外来微生物的定植或增殖，最终将有害菌排出体外。益生菌的代谢产物细菌素、溶菌酶、有机酸（乳酸、乙酸、丙酸、丁酸等）、二氧化碳等能抑制病原菌活性或杀灭病原菌。有益菌还具有抑制病原菌附着、增强肠道屏障的作用。

（3）激活免疫系统 益生菌主要通过免疫刺激和免疫调节两种方式来增强动物机体的免疫功能。益生菌作为肠道内的免疫激活剂，能够刺激并促进免疫器官发育成熟，加强吞噬细胞和自然杀伤细胞的活力，提高机体细胞免疫和体液免疫水平，增强机体免疫力、抗病力。

（4）净化肠道内环境 益生菌产生的有机酸、细菌素等能竞争性地抑制或排斥肠道内大肠杆菌等有害菌的生长和繁殖，抑制蛋白质向氨（胺）、氮的转化，降低血液、肠道和粪便中氨氮和含硫物质的水平，且残余的氨能够被粪便中的活菌继续利用。如枯草芽孢杆菌产生的枯草菌素可降低消化道中脲酶活性，减少氨气的产生。放线菌可作为除臭剂，减少环境臭味，改善动物生长环境。

四、添加益生菌的困惑

益生菌的体系非常复杂，不同菌种的特性存在着极大差异。即使是相同菌种，不同的菌株，特性及功能也往往截然不同，这也表现在实际应用效果上的显著差别。目前，我国有400多家企业从事饲用微生物制剂生产，总产量在5000～30000吨，产品参差不齐。由于缺乏相应的评估方法与手段来验证效果，往往被当作“安慰剂”来使用。实际应用并未表现出预期的效果，行业内对使用益生菌替代抗生素也普遍持怀疑态度。

因此，加强益生菌稳定性的研究，益生菌存活率的检测方法，微生物制剂与益生元、酶制剂、中草药制剂等其他制剂之间兼容性和科学配伍的研究等，都迫在眉睫。

第七节　不该遗忘的应激管理

一、应激的发生发展过程

应激是动物受到体内外各种刺激所产生的非特异性应答反应的总和，分为轻度应激和过度应激。应激引起的非特异性变化称为全身适应综合征。

应激发展分为三个阶段。一是惊恐反应或动员阶段。机体对应激原作用的早期反应为典型的全身适应综合征，分为休克相和反休克相。休克相表现为体温和血压下降、血液浓缩、神经系统抑制、肌肉紧张度降低，进而发展到组织降解、低血氯、高血钾、胃肠急性溃疡、机体抵抗力低于正常水平。这种状态可持续几分钟至24小时。反休克相表现为血压上升，血糖提高，血钠和血氯增加，血钾减少，血液总蛋白质下降，出现负氮平衡，动物消瘦，胸腺、脾脏和淋巴系统萎缩，嗜酸性粒细胞和淋巴细胞减少，肾上腺皮质肥大，机体总抵抗力提高，甚至可高于正常水平。如果应激原作用十分强烈，则动物可在最初1小时至1天死亡。如果动物机体能经受住应激原作用而存活下来，则惊恐反应一般持续数小时至数天。此时，反休克相则是向适应阶段过渡或与适应阶段合并。二是适应或抵抗阶段。此阶段机体新陈代谢趋于正常，同化作用占优势，体重恢复，各种机能得到平衡，血液变稀，血液中白细胞和肾上腺皮质激素含量也趋于正常，机体的全身非特异性抵抗力高于正常水平。如果刺激不是十分强烈或应激原作用停止，则应激反应的发展就在此阶段结束。该阶段可持续几小时、几天或几周不等。如果机体不能克服强烈应激原的作用，则适应又重新丧失，应激反应进入衰竭阶段。三是衰竭阶段。这个阶段的表现很像惊恐反应，但反应程度急剧增强，出现各种营养不良，肾上腺皮质肥大，但不能产生必要的激素；异化作用又重新占主导地位，组织中的蛋白质、脂肪和体贮存加速分解，体重剧降；淋巴结肿大，血液中嗜酸性粒细胞和淋巴细胞增加，骨髓中细胞减少；继而机体贮备耗尽，新陈代谢出现不可逆变化，适应机能破坏，各系统陷入紊乱状态，许多重要机能衰竭，导致动物死亡。

二、应激的危害

应激是机体的一种防御机制，没有应激反应，机体将无法适应随时变化的环境。适当的应激可提高机体适应能力、生产力和抵抗力，但长时间、高强度的超出机体适应能力的刺激，容易造成内环境紊乱、诱发疾病的发生发展，甚至死亡。当猪受到应激原的刺激后，肾上腺皮质激素（ACTH）分泌增多，阻碍某些营养物质的吸收，加强分解代谢，抑制炎症和免疫反应，致使机体抵抗力下降。若应激原强度大、作用持久，肾上腺皮质分泌功能衰竭，可造成猪发病和死亡。

受应激作用母猪体内自由基增加，从而使细胞膜破裂，释放出酶和其他细胞内成分，破坏代谢与健康。母猪怀孕后期和泌乳期氧化应激严重，特别是围产期的母猪受生理剧变，处于高度应激的高风险期。应激对母猪体内激素平衡的影响表现为生殖激素的显著变化。应激可导致卵泡刺激素、黄体生成素等分泌减少，性腺萎缩，卵子、胎儿发育不良。应激时母猪食欲减退，营养物质摄入不足，导致妊娠期胎儿发育不良，泌乳母猪泌乳量减少等。同时，应激时引起代谢性酸中毒、体内渗透压异常，增加肝肾负担，使肝肾功能减退。此外，应激原能直接改变动物机体的免疫功能，破坏机体防御系统，使机体免疫力下降。这种变化可使动物丧失对疾病的抵抗力，易感染疾病，影响母猪健康并能传导给仔猪。

三、常见应激性疾病与预防措施

凡能引起机体应激反应的刺激因素都称为“应激原”。常见应激原有很多种。物理性应激包括冷、热、强辐射、低气压、贼风和强噪声等；

化学性应激包括猪舍中有毒有害气体，各种有刺激性气味的消毒剂、洗涤剂、熏蒸剂、药剂和霉变气味等；饲养管理过程中的应激包括换料、免疫、分娩、断奶、捕捉、驱赶、运输、转群、并圈、拥挤、打斗、剪牙、阉割、打耳号、饥饿、营养缺乏、缺水、水质不洁、水温过低或过高等；生理性应激包括病原微生物、霉菌毒素、自身的氧化应激。受饲养环境多方面因素的影响，应激是养猪生产过程中不可避免的问题。目前，应激与疾病的互相作用机理尚不清楚，普遍认为应激主要是引起神经系统和神经内分泌系统的一系列变化。这些变化将重新调整机体的内环境平衡状态，以适应应激原的作用。但这种内环境变化的结果主要以增加器官机能负荷或自身防御机制消耗为代价。因此，过度应激或长期应激状态会造成机体适应能力破坏或适应潜能被消耗殆尽，最终引发疾病。

常见应激性疾病主要有以下几种：

① 猝死综合征，其原因主要是由于抓捕、惊吓、注射、免疫等产生，常常不见任何症状，突然死亡。

② 应激综合征（PSS），主要由运输、热应激、拥挤等产生。猪在应激时产生恶性高热，体温聚升至42～45℃，呼吸频率增至125次/分钟，心跳加速到200～300次/分钟。早期肌肉震颤、尾抖，继而呼吸困难，心悸，皮肤出现红斑或紫斑，可视黏膜发绀，最后衰竭死亡。尸僵快，尸体酸度高，肉质发生变化。

③ 猪应激性溃疡，是一种急性胃肠黏膜病变，以胃、十二指肠黏膜发生溃疡为主。其原因是严重的应激反应，如打斗、严重疾病病变等。解剖可见胃肠（十二指肠）黏膜有细小、散在的点状出血；线状或斑片状浅表糜烂；浅表呈多发性圆形溃疡，边缘不整齐，但不隆起，深度一般达黏膜下层。

④ 消化道菌群失调，常见于突然更换饲料或饲喂方法、转圈混群等，导致胃肠黏膜损伤引起消化道正常微生物区系被破坏，大肠杆菌、沙门菌等致病菌株大量繁殖引发细菌性肠炎。

加强饲养管理、为母猪提供适宜的生产生活环境条件是减少应激源最根本的措施。发生应激前后可添加维生素C。维生素C具有较强的抗应激作用，是目前常用抗应激添加剂。尤其在夏季高温或母猪分娩前后，添加维生素C可以通过缓解环境或生理应激，改善母猪繁殖性能。在怀孕期和哺乳期，给母猪补充维生素C可降低断奶前仔猪死亡率。硒是具有超强的抗氧化能力，最高可达维生素E的500倍，对提高母猪抗应激能力，增加母猪采食量、泌乳量、仔猪生长性能和成活率有显著影响。

第八节　霉变管理你做对多少

一、霉菌毒素及其危害

霉菌是在温暖潮湿的地方，谷物、饲料和原料上长出一些肉眼可见的绒毛状、絮状或蛛网状的菌落，按生活习性分为田间霉菌和仓储霉菌。田间霉菌主要包括青霉菌属、梭霉菌属等，仓储霉菌主要指饲料或原料在储存期间产生的霉菌，以曲霉属为主。霉菌毒素是谷物或饲料中的霉菌在适宜条件下生长产生的有毒二次代谢产物（见表7-2），共同的特点是结构稳定，耐高温，340℃也不会被降解和破坏，可造成动物多脏器与系统损害（见彩图22）。

表7-2　常见霉菌毒素及其危害

毒素名称	毒素来源	损害部位	中毒剂量/（毫克/千克）	典型症状
黄曲霉毒素	黄曲霉、寄生曲霉（玉米、饼粕类）	肝脏、免疫系统	>0.3	肝损伤、免疫抑制、黄疸、低蛋白血症
赤霉烯酮	镰刀菌（玉米、高粱、大米、麦类）	生殖器官、免疫系统	>1	不孕、假发情、流产、外阴肿胀、乳房膨大
呕吐毒素	镰刀菌（玉米、麦类）	消化、免疫系统	>4	呕吐、拒食，损伤肠道
T-2毒素	镰刀菌（玉米、高粱、大米、麦类）	消化、免疫系统	>4	损伤肠道，呕吐、拒食
赭曲霉	赭曲霉（玉米、麦类）	肾脏、免疫系统	>0.2	肾中毒、橡皮肾、免疫抑制

（续）

毒素名称	毒素来源	损害部位	中毒剂量/（毫克/千克）	典型症状
麦角毒素	麦角菌（麦类籽实）	神经、免疫系统	0.1%~1%	神经紊乱、走路摇摆、蹄部坏死、烂尾烂耳、无乳
伏马毒素	串珠镰刀菌（玉米、麦类）	肺脏、免疫系统	>4	肺水肿

霉菌毒素具有细胞毒性和遗传毒性，有抗化学生物制剂与物理的灭活作用，且具有广泛的中毒效应。其特殊性表现为以下几点：

① 高效性。百万分之一（ppm），甚至十亿分之一（ppb）的低浓度，就可产生明显的毒性。

② 特异性。不同分子结构的霉菌毒素，毒性差异很大。

③ 互作效应。霉菌毒素很少单个出现，多种霉菌毒素同时存在时具有叠加和协同作用。特别是黄曲霉毒素与其他霉菌毒素同时存在时，毒性会扩大。自然污染的霉菌产生的毒性比同浓度的纯化霉菌毒素产生的毒性更强。

二、霉菌毒素是危害母猪的隐形杀手

迄今为止已经分离和鉴定出的霉菌毒素有300多种，对母猪健康和繁殖性能危害较大的有黄曲霉毒素、赭曲霉毒素、烟曲霉毒素、T-2毒素、玉米赤霉烯酮、呕吐毒素、伏马毒素和麦角毒素等。

1. 霉菌毒素对生殖系统的主要危害

(1) 玉米赤霉烯酮（ZEN） 玉米赤霉烯酮又称F-2毒素，是由多种镰刀菌产生的一种代谢产物，具有雌激素样作用。镰刀菌最适生长温度为20～30℃，最适湿度为40%，在冷暖交替时镰刀菌产毒能力最强。

玉米赤霉烯酮（ZEN）主要影响生殖系统，其强度为雌激素的十分之一。猪摄入玉米赤霉烯酮后，很快会被小肠吸收，在肝细胞发生代谢，形成有毒代谢物。当玉米赤霉烯酮含量大于或等于1.0毫克/千克，可导致母猪雌激素过多症，扰乱母猪生殖内分泌平衡，引起流产，使弱仔率上升、受胎率下降。由玉米赤霉烯酮引起繁殖障碍的猪场，母猪经常出现无任何原因的拒食或不振，个别母猪拒食几天到一周后食欲逐渐自我恢复。临床检查发现这类母猪多有巩膜黄染或尿液混浊，这说明霉菌毒素已造成肝肾损伤。

不同阶段的母猪玉米赤霉烯酮中毒症状不同：

① 未成熟母猪病变通常仅出现于生殖器官。如阴道、阴唇黏膜充血肿胀，出现假发情；子宫充血和肿胀，阴道宫颈黏膜角质化，卵巢萎缩。由于玉米赤霉烯酮具有促黄体作用，发情中期中毒，可引发休情。黄体持续发育而呈现假孕现象，引起直肠及周围组织水肿，造成群发性脱肛；乳腺增大（初情期前小母猪表现明显），阴户红肿，从阴门流出白色石灰样恶露。

② 经产母猪中毒引发卵巢炎、卵巢萎缩，再发情间隔延长或重发情；黄体滤泡数比例下降，窝产仔数大量减少。采食玉米赤霉烯酮污染的饲料越多，排卵数减少越多。

③ 妊娠母猪中毒。妊娠早期中毒可使子宫黏膜角质化，受精卵着床失败、返情或空怀增多；抑制胎猪发育，外阴部肿胀、阴门开启而流产。妊娠中后期中毒可引起畸形胎、死胎、弱胎或木乃伊胎，弱胎出生后大部分死亡。中毒性流产的特点是同时发生于不同妊娠期的母猪，流产母猪体温不升高，食欲不振。流产胎儿无任何肉眼可见病变，胎儿大小一致，唯有胎盘上有白恶样坏死。

④ 分娩母猪中毒特征是产出的仔猪特别弱小，且有数目不等的死胎或八字脚，母猪和初生仔猪阴户红肿（见彩图 23）、可能有木乃伊胎出现。

⑤ 泌乳期母猪中毒特征是日采食量下降，泌乳量减少，奶水质量差，严重时无奶；阴户红肿。长期中毒可引起卵巢萎缩、发情停止或发情周期延长。

（2）黄曲霉毒素 黄曲霉毒素是由黄曲霉和寄生曲霉产生的有毒代谢产物，广泛存在于自然界中，主要污染玉米、花生、豆类、麦类等，是已知霉菌毒素中毒性最强、污染最普遍的一类毒素。黄曲霉毒素中毒主要引起肝细胞变性、坏死、出血，胃肠功能障碍，生殖能力下降，免疫系统受损。母猪长期食用黄曲霉毒素，临床表现呕吐、流产、死胎，早产、子宫脱、屡配不孕和假发情等症状；妊娠母猪及产后母猪会出现低温综合征。泌乳母猪日粮中黄曲霉毒素含量超过500微克/千克时，则会因乳汁中含黄曲霉毒素造成仔猪生长迟缓和死亡，甚至对育肥后期的生长产生不良的影响。

（3）麦角类生物碱 麦角类生物碱是由寄生霉菌麦角菌代谢产生，具有药理学活性。引起人畜中毒的生物碱，具有碱的一切化学性质，对热不稳定，见光易分解。临床中毒症状主要表现为坏疽、抽搐和肠胃不适，体重增加缓慢、泌乳量减少、生殖能力下降以及泌乳缺乏等。怀孕母猪采食受麦角类生物碱污染的饲料，导致初生仔猪窝重下降、死产率和弱仔率增加、妊娠期延长或缩短。麦角毒素还可引起黄体酮水平下降，从而引起流产和早产。麦角类生物碱能抑制妊娠母猪促乳素的分泌，造成乳房发育受阻和产后泌乳不足，甚至无乳。

2. 霉菌毒素对免疫系统的主要危害

霉菌毒素对母猪免疫系统的主要危害是破坏免疫系统和抑制免疫机能，从而导致免疫抑制，增加母猪疾病感染的概率和治疗的难度，若与蓝耳病、喘气病等免疫抑制性疾病共同作用时，会加速母猪的死淘。目前，已知对母猪免疫系统危害最大的霉菌有黄曲霉毒素、T-2毒素、赭曲霉毒素、伏马镰刀毒素、烟曲霉毒素。其中，黄曲霉毒素是目前已知毒性最强的免疫抑制剂。

猪的胃肠道不仅是机体最大的消化器官，而且也是体内最大的免疫器官，猪体内超过半数的免疫细胞存在于肠道中。正常情况下肠道之所以能将数量巨大的细菌和毒素等有害物质有效地局限于胃肠道内，主要依赖于肠道免疫系统（肠道黏膜免疫系统及其分泌物）。而T-2毒素具有亲脂性，又是一种渗透性很快的毒素。它能够嵌入细胞质膜的脂质与蛋白质间，破坏肠道黏膜，干扰肠道黏膜免疫功能，诱导细胞凋亡，减少脂溶性维生素A、维生素D、维生素E、维生素K的吸收，抑制肽转移酶活性，进而阻止蛋白质合成。黄曲霉毒素则通过与DNA和RNA结合并抑制蛋白质的合成和细胞增殖，引起胸腺发育不良和萎缩。

霉菌毒素具有溶解淋巴细胞、降低T、B淋巴细胞活性的作用，从而抑制体液免疫和细胞免疫的调节功能，诱导免疫麻痹和免疫耐受，导致免疫障碍，致使动物机体免疫应答低下、免疫失败。如黄曲霉毒素抑制或降低淋巴细胞和巨噬细胞的活性，破坏巨噬细胞的吞噬能力，抑制淋巴细胞的增殖与活化。即使是低剂量的黄曲霉毒素也可以改变体液和细胞免疫，从而严重降低抗体的免疫应答功能。赭曲霉毒素抑制 B、T 淋巴细胞介导的免疫反应，作用于胸腺、集合于淋巴结，使动物胸腺、脾脏和淋巴结中的白细胞数量减少，巨噬细胞和单核细胞的移动能力下降。伏马镰刀毒素主要破坏动物巨噬细胞。目前，99.6% 的中国玉米含伏马镰刀毒素，猪采食超过 10 天，呼吸道综合征不间断，疫苗、药物无法解决。烟曲霉毒素会导致猪肺泡巨噬细胞数量显著减少、凋亡，以及巨噬细胞的吞噬活性降低。

3. 霉菌毒素对饲料品质的危害

霉菌在饲料中繁殖，使饲料产生具有刺激性、酸臭等霉变气味，适口性大幅降低，严重影响猪的采食量。其次，霉菌分泌的酶分解饲料养分，导致饲料及其原料的营养价值严重下降。霉菌的大量繁殖还明显降低饲料蛋白质品质，尤其是赖氨酸、精氨酸的含量明显降低。凡是能观察到已发霉的饲料，其营养价值至少损失 10% 。

三、防范霉菌毒素必须常态化

1. 霉菌存在的广泛性

霉菌广泛存在于空气、土壤、水及腐败的有机物中。霉菌的孢子也是饲料及原料中常在的微生物，当温度和湿度适宜时，萌发代谢出霉菌毒素。据统计，全球每年大约 25% 的谷物受霉菌毒素污染，且受霉菌污染是一个持续性、普遍性、全球性的严峻问题。我国饲料受霉菌毒素污染非常普遍，而且大部分饲料原料都检出 2 种以上霉菌毒素。养猪业广泛应用的玉米、饼粕类饲料富含蛋白质、碳水化合物、脂肪，这些是霉菌毒素天然的优质营养底物。因此，玉米、饼粕类饲料受霉菌毒素污染率高达 90% 以上，严重污染至禁用程度的高达 20% 左右。饲料及原料运输工具、饲喂工具、大型料仓、料线、潮湿圈舍等受霉菌毒素污染的风险也很高。

2. 霉菌繁殖条件简单

霉菌繁殖主要依靠无性或有性孢子繁殖，繁殖能力极强，繁殖条件简单。大部分霉菌繁殖的最佳温度是 25 ~35℃，而呕吐毒素繁殖温度在

0℃、玉米赤霉烯酮在10℃、单端孢霉烯类化合物在7～10℃、玉米赤霉烯酮毒素为大于15℃。最适合霉菌生长繁殖和产毒的含水量是17%～18%，环境相对湿度大于70%。通常玉米的水分含量超过14%，饼粕类水分超过12%即非常容易产生霉菌毒素。因此，产于北方的谷物同样会受到霉菌毒素的污染，只是霉菌毒素的种类有别于南方。

3. 霉菌毒素致病的独特性

霉菌毒素致病的微量性、多种霉菌中毒的复合性、对实质脏器的泛嗜性、毒力的蓄积性、免疫抑制性，以及致病的隐蔽性等特点，使其成为比传染病更具危害性的因素。绝大多数疫情的发生均与霉菌毒素污染有关。

4. 母猪的特殊性

因母猪饲养周期长、采食量大，即使是微量的霉菌毒素，在体内长期的富集效应也是非常危险的，即便是单一霉菌毒素检测不超标也未必一定安全。

基于以上原因，任何一家饲料企业的任何一款饲料产品，以及任何一个畜禽养殖场，均会在不同时段受到不同程度霉菌污染的威胁，谁都无法逃避。因此，防控霉菌毒素污染必须呈现常态化，一时一刻都不能放松。

四、降低霉菌毒素污染的主要途径

就目前的技术手段而言，避免霉菌污染仍是一个非常难以实现的愿望，对霉菌毒素的控制手段常常是心有余而力不足。但面对霉菌毒素的污染并不是束手无策，采用以下处理措施对防控霉菌毒素的污染仍能起到一定的作用。

1. 严把饲料生产环节

首先，要严把原料采购关。采购原料必须严格按批次检验霉菌毒素，杜绝霉变原料入库。入库时须过筛、除杂、除尘，控制饲料及原料储存环境的温度、湿度（相对湿度小于60%）、水分（小于14%），注意通风。做好对仓库边角清理工作，防止原料在储存过程中变质，尽量缩短储存时间。原料使用应严格坚持“先进先出”的原则，并及时清理已被污染的原料。在饲料加工、配制、运输等环节严格控制霉菌污染，尽可能使用霉菌污染概率少的谷物原料，如用小麦、稻谷取代玉米。

2. 添加防霉剂

饲料中添加优质防霉剂，能很好地抑制霉菌生长。优质饲料防霉剂应符合以下4个原则：具有较强的广谱抑菌效果；pH低，在低水分的饲料中能释放出来；操作方便，使用安全经济，无致癌、致畸和致突变作用；有效添加量不影响动物健康及饲料适口性。

3. 添加霉菌毒素处理剂

添加霉菌毒素处理剂是降低霉菌毒素中毒的重要措施，但要正确选择和使用霉菌毒素处理剂，避免走入误区，带来不必要的损失。

(1) 霉菌毒素处理剂认识误区

① 误区一：大量使用脱霉剂。对霉菌毒素吸附概率的测量目前仍是一个世界级难题，各国都没有正式的衡量标准。理论上讲，处理霉菌毒素的方法主要有三种：一是以硅酸盐类、酵母细胞壁等为主的无机吸附法；二是以活菌、酶等为主要材料的有机分解法；三是以防霉剂、抗氧化剂、多维、中草药提取物等组合使用的辅助保健法。其中，应用最广泛的是无机吸附法，主要使用沸石粉、膨润土（也称蒙脱石、高岭石、斑脱岩）、硅藻土、云母和海绿石。其中，膨润土储量丰富，但用量最大的优质钠基膨润土却十分短缺，我国膨润土90%为钙基膨润土。目前，脱霉剂的研究仍处于概念阶段，市场上产品五花八门，质量千差万别。脱霉剂究竟能吸附多少霉菌毒素？同时又吸附多少营养物质？能否实现对霉菌毒素的基本控制？目前这些都是未知数。

② 误区二：饲料原料肉眼可见良好，没必用添加脱霉剂。霉菌广泛存在于自然界中，其危害已经是100%存在，绝不能抱有侥幸心理。很多时候霉变的发生并不是肉眼可见的，必须借助显微镜观察。当饲料出现发热、变色、结块、变味等现象时，往往是霉变的征兆。猪采食霉变的饲料后，毒素进入消化系统，从肠道吸收进入血液，最后运送至肝脏进行解毒。当吸收的毒素量超过肝脏的解毒能力后，未被分解的毒素逐渐蓄积在体内，达到一定量后肝脏先发生实质病变，继而影响其他脏器，动物生产性能下降，并逐渐表现出中毒症状。

③ 误区三：担心脱霉剂会吸附营养物质。市面所售纯度不高的普通硅铝酸盐类脱霉剂，吸附霉菌毒素不彻底，吸附营养物质的确很严重。

添加这种脱霉剂 10～15 天就会导致母猪奶水不足或蹄裂。但经过改性处理后的硅铝酸盐，因改变了硅铝酸盐分子“孔径”大小，所以吸附营养很少。

④ 误区四：脱霉剂使用剂量常年不变。有的养殖者长年不断地按同一剂量添加脱霉剂。饲料原料中霉菌毒素的含量多少与温度、湿度、储藏条件等因素密切相关，而不是一成不变的。如适合霉菌生长的梅雨季节，霉菌毒素含量就会增加，脱霉剂的使用量就要增加一倍才能达到较好的效果。

⑤ 误区五：添加脱霉剂越多越好。脱霉剂主要成分大多数是铝硅酸盐类吸附剂，对黄曲霉毒素有效，对玉米赤霉烯酮基本无效，对其他霉菌的吸附能力也十分有限。此外，脱霉剂吸附霉菌毒素是有上限的，一般为预防剂量的 6 倍。当霉变非常严重时，猪拒食的饲料一定要遗弃，而不是添加更多的脱霉剂。

(2）霉菌毒素处理剂的选择标准 因为缺乏科学的质量评价体系和使用效果的量化标准，目前市场上霉菌毒素处理剂乱象丛生，假冒伪劣产品充斥市场。

根据霉菌毒素危害的特点和机理，合格的霉菌毒素处理剂应满足以下条件：既能解除免疫抑制，又能提高免疫力；既能保护肠道、又能解毒排毒，具有保肝护胆利肾的功效；处理霉菌毒素的种类全面、高效、安全，即可吸附多种霉菌毒素，又不吸附饲料中营养；使用后母猪繁殖性能、健康状况能够得到大幅提升。因此，鉴别脱霉剂的优劣可以从以下方面衡量：使用后症状是否快速消失、发病率是否降低是衡量以黄曲霉毒素为代表的吸附效率；假发情是否减轻是衡量以玉米赤霉烯酮毒素为代表的吸附效率；母猪食欲和采食量是否增加是衡量以玉米赤霉烯酮毒素、呕吐毒素为代表的吸附效率。但母猪的生产成绩是否提高，使用效果至少要长期观察 2 个月以上。

(3）霉菌毒素处理剂的正确使用 当存在以下情况，即使饲料尚未达到毒性作用水平，也应添加霉菌素吸附剂：怀疑或证实饲料被霉菌污染时；饲料及原料含水分超过 14% 时；饲料在不良条件下贮存时间较长时；相对湿度较大、谷粒破裂或被鼠虫损伤时；饲料中已经检测到含有霉菌毒素时。通常幼畜（禽）、母猪根据原料质量、季节、

霉变程度适当调整添加量，重症情况下先加倍剂量使用 2 ~ 3 周，后改为正常剂量。

（4）霉菌毒素中毒后的补救措施 务必坚持“再好的霉菌毒素处理剂也不如不发霉的原料”的硬道理。动物霉菌毒素中毒目前无特效药物治疗，一旦发生，立即停用含霉菌毒素的饲料及原料，更换无毒饲料，并在全群饲料中按最大剂量添加霉菌毒素处理剂，同时补充葡萄糖、维生素 C 和保肝护肾的产品。

第八章

加强后备母猪管理，向繁殖基础要效益

第一节　后备母猪的管理

一、选种管理

后备母猪是猪场的命根子，选留符合品种特征的优秀种猪往往决定着猪场的成败。实际生产过程中，母猪淘汰率为25%～30%，及时补充更新后备母猪在很大程度上影响着猪场的生产水平。后备种猪选留应符合以下标准，避免陷入选种误区。

1. 系谱清晰

选留的后备种猪应来自猪场核心母猪群2～6胎次的高产母猪后代，最少应查看3代以内翔实、完善的系谱档案。各项生产性能符合品种特征，应激小，体重差别小。同胎仔猪数大于10头，初生重大于或等于1.4千克，在同窝中排名靠前。

2. 体型结构

选留体型良好，结构匀称，骨架结构良好、骨骼结实健壮、四肢强健，体长、腹深、腰背平直、腹部紧凑，外阴大小适中，后躯丰满，完全符合本品种特征的个体。例如，长白后备母猪头小清秀，颜面平直，耳向前倾、平伸、略下耷，体躯前窄后宽呈流线型，大腿、后躯肌肉丰满（见彩图24）。

3. 乳腺选育

选留的后备母猪有效乳头应在7对以上，瘦肉型猪种至少6对以上，其中肚脐以前至少3对，且排列整齐，间距适中，分布均匀，无遗传缺陷，无瞎乳头和副乳头。避免选留前3对有瞎乳头的个体，在配种前再做一次母猪乳腺发育检查，淘汰前5对乳腺发育不合格的母猪。

4. 外阴部选育

选择后裆宽大，外阴发育良好且明显、大小性状适中、阴户尖下垂的个体。避免选择阴户狭小、尖、阴户尖端上翘、凹进去、畸形和外露不明显的个体（见彩图25）。形状异常的外阴往往是内部生殖器官发育不正常的标志，发情时不易观察，配种不便，会给初情期、配种及分娩造成一系列的影响。此外，选留臀部肌肉发达，腹腔容积大（采食量大、子宫发达）的个体作为种猪。

5. 肢蹄选育

1）看肢、趾的发育与分岔情况，注意蹄子有无开裂。凡有分岔、蹄裂的个体一律不能选留。

2）看前、后腿的发育。前腿为直腿的个体不能选留；后腿腓节有弯度的较理想，没有弯度的个体不能留种。

6. 培育期的选留

体重选育时间须依次在30千克时进行第1次选拔、60千克时进行第2次选拔、90千克时进行最终选拔。达到90千克时最佳背膘厚度P_2点大于12毫米。10毫米以下的母猪繁殖能力差，30毫米以上的饲料消耗大，利用率低，对环境适应能力差。水平背部的结构是理想的发育类型。

二、引种管理

1. 种猪体重

体重小于50千克的后备母猪，因其体型没有定型，生殖器官发育不明显，很难从外观上来衡量是否适合种用。体重大于80千克的后备种母猪，很容易带来疫病风险，且种猪质量难以保证。因此，实际生产中常选择55千克左右（50~60千克），日龄在100~115天，生长速度为同龄猪群中最快者的50%~60%的个体。

2. 引种来源

引种时应把健康放到第一位，所引种猪免疫程序合理、科学，抗体水平一致，种源场无传染病。须严格进行检疫，避免引入传染病的风险。同时，查看5代以内系谱，避免遗传疾病。须选择有实力、信誉好、管理规范、售后服务完善、种猪质量和健康水平有保障的大型育种企业，降低引种风险。选择从同一企业引入与本场相近的品种，避免从不同猪场多次引入不同品种。

3. 引种后管理

大多数猪场引种后管理跟不上，导致后备母猪淘汰率超过30%，即便勉强进入繁殖期，也很难超过3胎次就会遭受被动淘汰。

后备母猪进入隔离区后，按体重、品种、性别一致性的原则分栏，分栏后用带有气味的消毒剂消毒，防止猪打斗。分栏后及时饮用清洁、温度适宜的水，水中添加抗应激的营养物质，如维生素C、电解多维、碳酸氢钠、葡萄糖、口服盐、免疫增强剂。充分让猪休息2~3小时，等熟悉新环境后再饲喂。为避免应激腹泻，最好饲喂原种猪场饲料过渡1周。饲料营养应符合品种要求、易消化、营养丰富均衡。坚持少喂勤添，定时、定量、定质的饲喂原则，4~6次/天。第一天给料1千克/头，根据体重逐渐增加饲喂量，1周后恢复正常采食。

按种猪饲养管理技术标准提供适宜的环境条件，保持舍内安静，避免人为增加应激。同时，训练采食、饮水，排粪、排尿，休息三点定位，养成良好的生活行为习惯。保持干净卫生的环境条件，每2天带猪消毒1次。在隔离区适应饲养与驯化时间为45~60天，经严格检查合格后方可入场。如果本场疾病传播缓慢，或感染后排毒时间长，可将隔离驯化期延长至10~12周。在隔离区饲养期间，应定时观察猪群的各种行为习惯，如采食、饮水、呼吸、排粪尿、运动等情况是否正常。对生长缓慢、皮肤苍白、有呼吸道症状、淋浴后全身苍白、被毛逆立、采食量降低的种猪应重点关注。定期采血检测免疫状态、疾病感染情况，对异常的猪进行常规治疗。

【小经验】

在隔离驯化期，使后备母猪适应本场的病原谱，建立对本场微生物区系足够的抵抗力，可有计划地把本场母猪粪便放入隔离场圈舍内，或将淘汰的老母猪与引进后备母猪同圈饲养。

【提示】

为避免增加新的应激因素，切忌种猪入住隔离区后15日内免疫、驱虫，要等适应期过后再按计划进行免疫、驱虫。

三、培育期的营养管理

后备母猪营养是母猪一生繁殖营养累积的起点，其营养需求既不同于生长育肥猪，也不同于妊娠、哺乳母猪。因此，无论是妊娠母猪饲料、哺乳母猪饲料还是育肥猪饲料，都无法满足后备母猪正常的性成熟和体成熟培养目标对营养的需求，饲喂妊娠母猪、哺乳母猪、育肥猪日粮会使母猪被过早淘汰。目前，大多数中小规模猪场后备母猪都存在营养供给不匹配、不对称、不协调的窘态。调查发现，接近50%的中小规模猪场使用妊娠母猪料和哺乳母猪料饲喂后备母猪。

妊娠母猪日粮是为满足经产母猪妊娠期维持需要、乳腺和胎儿发育，以及为分娩、哺乳营养储备等的需要而设计的，与后备母猪营养需求相比，其能量、蛋白质、氨基酸、钙、磷、维生素、微量元素水平都比较低。而哺乳母猪日粮则是为了满足泌乳母猪的营养需要而设计的，哺乳母猪日粮较高的能量浓度会使后备母猪生长速度过快、体况过肥而无法正常进入繁殖期。哺乳母猪日粮中维生素、微量元素等无法满足后备母猪的需求，再加上后备母猪的采食量远低于哺乳母猪，这对后备母猪骨骼系统、生殖系统、免疫系统的发育将产生极为不利的影响。生长育肥猪日粮营养是为了满足快速生长催肥的需要，追求最高日增重、最低料肉比而设计的。育肥猪日粮的高能量会促使后备母猪生长发育过快，而生殖系统器官发育相对滞后，体重严重超标。母猪过肥，卵巢、输卵管和子宫内沉积大量脂肪，影响初情期时间或乏情。育肥猪日粮中微量元素、钙、磷、维生素、氨基酸等偏低，远不能满足后备母猪的需求，使肢蹄不结实。特别是与生殖器官发育、机能完善和初情期启动有关的微量元素、维生素、特殊氨基酸等的缺乏，会严重制约生殖器官发育和功能完善，导致初情期延迟或乏情，无法正常发情配种而被淘汰。而育肥猪日粮中高铜、锌、抗生素、促生长剂等会抑制母猪生殖器官发育，故饲喂育肥猪日粮的后备母猪即便能进入繁殖期，也很难支撑到第2胎次而惨遭淘汰。此外，现代瘦肉型母猪对维生素、微量元素的需要高出育肥猪30%~40%，骨骼发育所需的钙、磷、维生素D、生物素等高出近一倍。特别是75千克以上的后备母猪，体内的生殖腺正处于快速的发育完善阶段，合理的生殖营养尤为重要。因此，后备母猪必须饲喂满足其需要的后备母猪日粮。

【提示】

后备母猪饲喂妊娠母猪、哺乳母猪或生长育肥猪日粮，或饲喂与该品种母猪不匹配的营养日粮，等于过早地淘汰母猪，危害母猪终生繁殖成绩。

第二节　提高后备母猪繁殖力的主要途径

一、强化培育期管理

后备母猪培育期管理对其终生繁殖性能起决定性作用，关乎猪场的未来。培育目标是获得发育良好、体格健壮、性成熟与体成熟发育一致、配种体况最佳、能如期发情配种、具有典型的品种特征和高度种用价值的后备母猪。

1. 培育期各阶段的管理

（1）生长期　生长期指出生至体重60千克阶段，按生长猪的标准饲养管理，促进正常的生长发育。

（2）培育期　培育期指60～90千克阶段，是后备母猪培育的关键期。关键技术是严格控制生长速度，以确保性成熟和体成熟的协调统一。既要防止追求快速的生长发育，造成体重超标、体储过多而肥胖，导致初情期推迟或乏情，又要避免因担心后备母猪过肥影响发情配种而过度限饲，引起营养摄入不足，性成熟和体成熟发育不良，初配体重过轻、体储严重不足等问题，导致配种时体况未能达标而影响其繁殖潜能与繁殖效率；还要防止在没有足够的体储、体重支撑下，匆忙进入繁殖期，导致一胎次母猪的仔猪初生重小、活力差、成活率低、母猪泌乳不足、掉膘失重多等问题。目前，中小规模猪场30%～50%的后备母猪是因培育期管理缺位，造成育成率低，超不过3产就被淘汰。培育期的后备母猪在150～155日龄时，体重要求达到90千克，低于生长育肥猪150日龄达到100千克以上的标准。

（3）诱情期　诱情期指90千克至配种前2周。诱情期是将后备母猪从培育栏转移到催情栏，实施诱情，其主要任务是启动初情期，提高初情期发情比率，严控后备母猪配种时的体重、体脂储备。现代品种的后备母猪一般在150~180日龄进入初情期。诱情期的目标是实施公猪诱情3周后有70%以上的后备母猪启动初情期，6周后有90%以上的后备母猪启动初情期。对于通过3个诱情期以上仍不发情的母猪，应予以淘汰。

初情诱导从150~160日龄起与公猪接触效果最佳。二元后备母猪适宜的开始接触时间为160~170日龄，纯种后备母猪为170~190日龄。140日龄以前过早与公猪接触诱情，会使后备母猪的初情期延迟；150日龄后缺乏必要的诱情，后备母猪的初情期同样会推迟，发情不明显，生殖器官功能低下且缺乏内生动力。总之，过早或过晚诱情都影响母猪的繁殖性能和利用率。150日龄的青年母猪与成熟的公猪每天身体接触2次，可使初情期提前，发情比例提高，窝产仔数增加。对于第1次发情后的后备母猪，应根据膘情适当限制采食量至配种前两周，控制后备母猪的体重和膘情，以防止过肥影响繁殖力。

（4）适配期 适配期指配种前的两周。其主要目标是增加排卵数，提高受胎率。配种前应确保后备母猪至少有两周的自由采食时间，即短期优饲，饲喂专用后备母猪催情料，至少3千克/天。因配种前2周的短期补饲，可以提高母猪血浆中卵泡刺激素的水平，增加黄体生成素的释放频率，从而增加排卵数2~3枚。

【提示】

要准确掌握催情补饲开始的具体时间，需要观察和记录第一次发情的准确时间，否则达不到催情补饲的作用和效果。

【小窍门】

在日粮中添加葡萄糖、优质鱼粉，每天饲喂1~2枚生鸭蛋，可提高卵母细胞的数量和质量。

2. 培育期日常管理

（1）饲养密度 体重在60千克之前的后备母猪，以每栏6~8头为宜，饲养面积为1.4~2.8米^2/头；60千克以后，每栏以4~6头为宜，饲养面积大于3米^2/头。

（2）光照 光照对后备母猪的性成熟有明显的影响，较长的光照时间可促进性腺系统发育，性成熟较早。短时间的光照，特别是持续黑暗会抑制生殖系统发育，使性成熟延迟。适宜的光照可提高后备母猪性激素分泌量，增加卵巢功能，提高繁殖能力。建议后备母猪舍的光照时间不少于12小时（也有建议14小时以上的），光照强度为60～100勒克斯，以3～6瓦/米^{2}为宜。

（3）其他环境条件 后备母猪舍的适宜温度为18～20℃，昼夜温差不高于5℃；相对湿度为75%。及时清粪，加强通风，降低舍内有害气体浓度，可显著提高后备母猪的发情比例。

（4）运动 运动是后备种猪管理的重要内容。运动有利于后备种猪肢蹄的生长发育，使肢蹄健壮、结实，在以后繁重的生产中能承受更大的负荷。另外，运动时种猪与土壤充分的接触，可使其获得大量微量元素和牧草的粗蛋白质、多种维生素。运动时充足的日光浴还可以促进后备种猪性活动机能，增强母猪内分泌腺的机能，促进正常的发情与排卵，对适时参加配种繁殖有显著的作用。要求培育期母猪每天运动2小时以上，特别是配种前的后备母猪。运动场地要平坦整洁、干净卫生，防护肢蹄损伤。

【小经验】

对于160日龄、体重达到95千克的后备种猪群，运动时如果再配上一头成年公猪混群，将极大地促进母猪的性成熟。

（5）粗纤维营养 培育期在日粮中添加粗纤维、非淀粉多糖、寡糖等益生元营养素，可促进胃肠道有益菌群的建立、平衡和稳定，帮助后备母猪提升消化功能和肠道的健康水平，锻炼胃肠对食物的消化、吸收、转运功能，有助于扩大胃肠容积，为妊娠期胎儿正常发育、减少便秘和哺乳期提高采食量、减少失重打下坚实的物质基础。

二、充分满足营养需求

1. 后备猪营养需要的特殊性

（1）能量 初情期的适时启动是后备母猪获得繁殖能力的重要标志。能量通过影响后备母猪卵巢的功能和内分泌激素进而影响初情期的启动。以脂肪为能量的日粮可使初情期启动提前，以淀粉为能量的日粮有利于卵母细胞的发育和成熟，以纤维为主的日粮有利于卵泡发育。保持日粮中淀粉、脂肪和纤维适宜比例能促进卵泡发育和成熟，提高母猪发情率。当后备母猪体重达60千克时，适量限制其能量的摄入量，不会影响初发情期出现的时间；而在体重未达到60千克时限饲，即使后期自由采食也会延缓初情期。在配种前的两周，提高日粮能量水平，有利于增加排卵数。

（2）蛋白质 日粮中适宜的蛋白质水平对促进后备母猪的生长发育和性成熟具有重要的意义。低蛋白质水平会限制动物生长，降低其生长速度。对发育不良、瘦小的后备母猪，在培育期内应提供中等蛋白质和高能量水平的日粮。

（3）矿物质 钙、磷是保证后备母猪骨骼和肢蹄充分发育的重要矿物质元素。母猪长期的繁殖任务需要强健的骨架和肢蹄来承载硕大的体重，从而减少因肢蹄病被淘汰的概率。后备母猪的钙、磷需要量高于任何阶段。一般日粮中钙为0.9%~1%、磷为0.7%~0.8%时才能充分满足后备母猪骨骼系统发育的需求。

推荐后备母猪日粮营养水平见表8-1。

表8-1 后备母猪消化能、粗蛋白质、赖氨酸的推荐量

体重/千克		消化能/兆焦	粗蛋白（%）	赖氨酸/（克/天）	钙（%）	磷（%）
25~50		13.59	19.5	1.05	0.8	0.7
50~75		13.59	17.0	0.85	0.75	0.65
75~90		13.59	15.5	0.75	0.65	0.55
90~115		13.59	14.0	0.65	0.6	0.5
115至配种	145天达115千克，且P_2点背膘>14毫米	13.59	14.5	0.65	0.8	0.7
	145天未达115千克，且P_2点背膘<14毫米	14.42	13.5	0.55	0.85	0.75

2. 饲喂管理

目前，后备母猪适宜的饲喂管理有较多的争论。本书根据作者多年的生产实践经验，结合后备母猪培育的特殊性要求，总结出后备母猪不同培育阶段饲喂流程，见表8-2。

表8-2 后备母猪的饲喂流程

体重/千克	日增重/克	饲喂量/（千克/天）	营养类型	P_2点背膘/毫米	备 注
25～50	≤600	1.50	生长前期料	<7	强化骨骼营养
50～75	≤700	限饲2.50	后备母猪料	11～13	强化骨骼、生殖营养
75～90	700～750	限饲2.75	后备母猪料	13～14	强化骨骼、生殖营养
90～115	≤500	限饲2.90	后备母猪料	15～16	公猪诱情、强化生殖营养
115至配种	≥500	3.50～4.00	后备母猪料	17～18	催情补饲

三、合理的初配体况

后备母猪的初配体况包括体重及与体重相匹配的初配年龄、背膘。超标或过低的初配体况，都将影响后备母猪的终生繁殖力，减少利用年限。

1. 初配年龄

后备母猪适宜的初配年龄对母猪的存留率、繁殖力具有重要意义。大于210日龄配种的后备母猪一胎产仔数和产活仔数随配种日龄的增加而增加，至230日龄时最高，繁殖障碍疾病最少，终生繁殖成绩最好，繁殖效率和利用年限最高。超过240日龄配种的后备母猪一胎产仔数和产活仔数随配种日龄的增加而减少，往往因繁殖障碍疾病被淘汰，终身繁殖成绩差，繁殖效率和利用年限短。因此，建议现代基因型后备母猪初配日龄为210～230日龄，以230日龄最佳。

2. 初配体重

后备猪的目标初配体重为135～150千克，初配体重小于135千克的后备母猪头三胎产仔总数小于初配体重大于135千克的后备母猪的产仔总数。后备母猪初配体重小于120千克或背膘厚小于17毫米时，将增加母猪的淘汰率和降低总产仔数，影响母猪第一胎及以下各胎次的繁殖性能。

3. 初配背膘

后备母猪的初配背膘厚对其各胎次产仔数、终生产仔数、存留率有密切关系。如果初配母猪没有足够的体储做支撑，无法完成旺盛的妊娠期体增重、胎增重和后续的各项繁殖任务。初配母猪 P_2点背膘厚在 18～20 毫米（最佳 20 毫米）时，母猪的存留率最高，前 5 胎的生产性能最佳。

【提示】

终生最佳繁殖成绩的初配体况为：初配日龄在 210～230 日龄，体重大于或等于 135 千克，P_2点背膘厚为 18～20 毫米（最佳 20 毫米）。

四、加强配种管理

1. 后备母猪初次发情的特点

后备母猪初次发情具有症状轻微、不明显、无规律，发情持续期和压背静立时间短等特点。个别后备母猪第 1、2 次发情间隔仅有 15 天，持续期仅 2～3 天，尤其是大群饲养时更不易发现。后备母猪阴户的变化比经产母猪更显著，因此，后备母猪发情鉴定主要依据阴户的红肿变化来确定，常以阴户红肿开始消退的转折时间记录为发情开始的时间。

2. 后备母猪初次发情的症状

发情前的信号主要有：啃咬栅栏、发出声音、躁动不安、攀爬、寻找公猪和阴户肿胀呈樱桃红色。发情盛期的信号多表现为：耳朵直立，眼神呆滞；急躁不安，食欲减退或不食，尾巴不动，背部按压呈静立反应，体温升高；阴门红肿，阴道内流出透明稀薄白色的水样黏液，喜欢爬跨其他母猪。应注意仔细观察，准确判断，与经产母猪的发情症状进行区别。

3. 后备母猪最佳配种时间

初产母猪发情的持续时间为 36～48 小时；排卵时间为发情后的 34～44 小时，持续 1～3 小时。静立反射后排卵时间是 17 小时，卵子释放后具有受精能力时间是 6～8 小时。配种后，精子到达受精部位时间为 6～8 小时，精子在母猪生殖道存活时间是 36～72 小时。配种的有效时期是在静立发情开始后大约 24 小时，范围在 12～26 小时。因此，第 1

次配种应当在开始静立发情被检出之后的 12 ~ 14 小时完成，间隔 12 ~ 14 小时进行第 2 次配种。

【提示】

后备母猪初情期基本不排卵或排卵很少，生殖器官发育也不成熟。因此，第 1 个情期配种的后备母猪，一胎产仔数量极低，且影响到终生的繁殖性能。在第 2 或第 3 个情期配种有利于提高后备母猪一胎次和终身繁殖成绩，且在第 2 或第 3 个情期配种对母猪头 3 胎生产性能无明显影响。

【提示】

详细记录后备母猪第 1 次发情的准确时间，建立完整的后备母猪繁殖档案，便于统计分析母猪的生产性能，减少公猪诱情的劳动强度。

第九章
降低“二胎综合征”，向体储要效益

第一节　一胎母猪普遍存在的典型问题

一、繁殖力偏低

一胎母猪繁殖力偏低，主要原因为：一、一胎母猪卵巢、子宫等重要生殖器官仍处于发育阶段，排卵少，子宫容积小。因此，仔猪初生重相对较小、活力低。二、一胎母猪个体小，胃肠容积小，胃肠功能还没有达到最佳状态。故一胎母猪泌乳期采食量偏低，泌乳力低，初乳质量差，母源抗体少。三、一胎母猪乳腺发育不完全，乳头和乳导管发育不完善，泌乳机制不健全，泌乳能力低。此外，一胎母猪所产仔猪吸吮无力，乳汁容易滞留，病原菌很容易从乳导管侵入，导致产后奶水质量差，无乳少乳、炎性乳等。所以，一胎母猪所产仔猪生长发育迟缓，抵抗力不足，腹泻及其他疾病多发，成活率低。四、一胎母猪饲养时间短，免疫接种次数少，抗体水平不高，免疫力不够坚强。再加上一胎母猪对不良环境适应能力差，容易产生应激反应，特别是第一次分娩时对应激更敏感。

二、淘汰率偏高

一胎母猪淘汰率高的主要原因是繁殖障碍问题。正常情况下，经产母猪断奶后 7 天内发情比例达 85%～90%，而一胎母猪在首次断奶 7 天内只有 60%～70%。首先，初配体储不足，导致妊娠期卵巢、子宫等重要生殖器官生长发育迟缓、功能下降。一胎母猪身体仍处于生长发育期，若妊娠期营养供给不足，会加重这一现象的发生，且会导致哺乳期母猪掉膘失重增加，断奶时卵巢、子宫机能恢复时间长，无法分泌生殖激素而发情延迟或乏情。其次，一产母猪生殖器官尚未完全发育成熟，骨盆狭窄，如果胎儿过大，生产时极易难产。再加上初次分娩母猪没有经验，紧张、烦躁和剧烈的疼痛等应激因素易使母猪出现内分泌机能失调性难产。若助产时操作不当使产道损伤；或消毒不严格而感染；或大量使用缩宫素，使子宫壁长时间处于持续收缩状态，胎衣、羊水、瘀血及其碎片排出不彻底，造成子宫损伤或感染；如果再遇配种过早、高温热应激、培育期饲养管理不当、配种体况不佳、妊娠期营养管理不合理和哺乳期失重超标等因素，一产母猪主动淘汰率，一般会超过 50%。

三、二胎综合征多发

近年来，国内大小猪场出现：一胎母猪断奶后发情推迟、发情无力或乏情，发情间隔延长，二胎次活产仔数比第一胎次减少；发情配种后返情率普遍上升，屡配不孕占比相对较高；即便能配上，配种分娩率也明显下降，主动淘率居高不下；母猪使用年限显著缩短，很难坚持到 3 胎次以上，并严重影响以下所有胎次的繁殖性能；且随着现代优良品种的引进有愈演愈烈之势，即使采取诱情、药物催情、肌注孕马血清等催情刺激，发情状况依旧不理想。这些综合现象称为母猪二胎综合征。导致母猪二胎母猪综合征发生的主要根源有如下几点。

1. 初配体况不佳

现代瘦肉型母猪性成熟的体重更大，初配时体储较少，但其繁殖性能更优，对营养的需求特别旺盛。这种矛盾很容易导致初配体况不佳、妊娠期就开始失重，加剧二胎母猪综合征的发生。若初配时日龄小于 230 天，或体重小于 135 千克，或背膘厚小于 16 毫米，不仅会导致初产仔猪少、初生重轻、成活率低，而且母猪二胎综合征发生的概率几乎 100%。青年母猪初配时，生殖器官没有完全成熟，仍在发育，卵巢和子宫重量仅为经产母猪的 1/2 左右。这种生殖器官的不成熟性会限制胚胎的着床和发育，影响产仔数，诱导母猪二胎综合征的发生。

2. 一产母猪营养储备匮乏

后备母猪初配后，正式开启母猪繁殖新时代，但完全有别于 3 胎以后的经产母猪，其身体仍处于发育旺盛期，无论是对营养的需求，还是对管理条件的要求，都高于经产母猪。况且现代基因型母猪瘦肉和脂肪的比例发生了很大的变化，瘦肉率的提高导致背膘厚下降近 50%，对营养及其管理的依赖程度更高，也更加敏感，即母猪自身的因素就极容易

造成营养储备不足。如果妊娠期营养供给不足或者失衡，则妊娠期掉膘失重，部分母猪哺乳结束后平均背膘厚不足 14 毫米，哺乳期背膘损失远大于正常范围（-3 毫米）。断奶后体况“溃不成军”，再加上恢复营养储备的时间较短，导致无法启动正常的发情、排卵。即便采用一切必要的措施，母猪开始发情，但卵巢的成熟卵泡比例显著降低、排卵数减少、配种后受胎率下降，形成实际意义上的母猪二胎综合征。

3. 哺乳期失重高于任一胎次

一胎母猪在妊娠期、哺乳期对营养物质的需求比任何阶段的母猪更强烈、更多，除满足胎儿、泌乳营养需要外，还必须满足自身持续发育对营养的需求。现代母猪育种过分地追求瘦肉率和繁殖性能的选育结果，导致体脂更少，降低了初情期的体成熟。再加上胃肠容积小，培育期又没有得到充分锻炼，大多数一胎母猪哺乳期采食量普遍不足 5 千克。这与现代品种母猪高性能的泌乳力和产仔数对营养的强烈需求，形成“供需差”。因此，母猪不得不动用自身本来就储备不足的有限营养用于泌乳，体储逐步被消耗，背膘厚度下降，身体出现严重的透支。当哺乳期超过 28 天和带仔超过 10 头时，将加剧母猪身体透支的进程，导致母猪二胎综合征的发生。如果一胎次饲养出了问题，这些矛盾会在第二胎次突显，并继续加重，大多数母猪很难坚持到三胎次，不得不被淘汰。

四、饲养管理误区

培育良好的后备母猪进入繁殖群只是完成母猪开始繁殖生涯的第一步，也是最关键的一步，但并不意味着后备母猪的饲养管理就此结束。实际上一胎、二胎母猪是后备母猪培育的延续，仍属于后备母猪阶段。只有二胎母猪断奶时所有繁殖指标合格，并正常进入 3 胎次才算是真正意义上进入了经产期阶段，此时后备母猪的饲养管理才算结束。目前，绝大多数养殖户仍按传统的饲养模式管理 1～2 胎次母猪，或按照改良前的品种标准管理，或者把 1～2 胎次的后备母猪当经产母猪饲养管理。这是目前绝大多数猪场 1～2 胎次母猪饲养管理的重大误区，也是导致母猪二胎综合征的根源。因此，绝不能在后备母猪一进入繁殖期就饲喂经产母猪妊娠和哺乳期营养标准饲料，要按 1～2 胎次母猪特殊营养需要和管理措施标准饲养。其饲养管理的好坏，不仅要看配种前的各项管理指标，还必须看一胎母猪是否有“二胎综合征”，二胎母猪繁殖性能是否比一胎次提高，断奶体况是否达标，发情、配种是否达到正常指标等。

【提示】

1～2 胎次母猪仍属后备母猪，必须按照后备母猪营养和管理标准饲喂。

第二节　降低“二胎综合征”的主要措施

一、强化一胎母猪营养管理

1. 强化一胎母猪妊娠期饲养管理

一胎母猪是发育未成熟的繁殖母猪，妊娠期营养除满足乳腺发育、胎儿发育、营养储备外，还要满足自身的维持和生长发育需要，所需营养水平比经产母猪妊娠期营养水平高。虽然日粮中的粗蛋白质、总赖氨酸已基本满足初产母猪自身生长发育和胎儿发育的需要，但最佳的二胎窝仔数所需赖氨酸应不低于 60 克/天，比经产母猪所需赖氨酸水平要高出很多，这也是很多猪场初次配种后继续饲喂后备母猪料而非经产母猪妊娠料或哺乳料的主要原因。

饲喂水平显著影响一产母猪妊娠期增重。若妊娠期母猪增重不足，分娩后体况变差，哺乳期泌乳量下降，失重增加，断奶至发情间隔延迟。但增重过多，造成母猪过肥，产仔数减少，难产，泌乳期采食量降低，母猪利用年限缩短。鉴于一胎母猪的代谢处于旺盛期，妊娠早期胚胎发育对营养需要可忽略不计等因素，可适当控制饲喂量在 1.8～2.2 千克/(天・头)。其中，妊娠 1～3 天饲喂量为 1.8 千克/(天・头)，4～7 天饲喂量为 2.0 千克/(天・头)。妊娠中期是母猪膘情调整期，饲喂量应根据配种后母猪的膘情来确定，原则上妊娠 8～30 天饲喂量为 1.8～2.2 千克/(天・头)，31～75 天为 2.2～2.5 千克/(天・头)。75～95 天为 2.0～2.2 千克/(天・头)，95 天后控制饲喂量不超过 3 千克/(天・头)，防止胎儿过大和母猪产后不食。

2. 强化一胎母猪哺乳期营养管理

(1) 能量和赖氨酸　母猪哺乳期能量和赖氨酸的摄入量，决定其泌乳量。现代基因型母猪高泌乳量和高窝产仔数，使其对能量和赖氨酸的需求更高。一产母猪泌乳期能量和赖氨酸的水平究竟多少适宜？日粮中能量和赖氨酸水平如何设计？首先，既要清楚地掌握本场母猪的采食量，又要考虑日粮营养浓度；既要把母猪体重损失降到最低限度，不影响下一胎次的繁殖性能，又要根据设定的窝断奶重指标设计日粮营养水平。这说明降低母猪二胎综合征的饲养管理方案必须满足两个变量，即母猪采食量和日粮浓度，但无论怎样变化，母猪日摄入营养物质的总量不能变。如当日粮代谢能水平由 13.0 兆焦/千克提高到 15.3 兆焦/千克时，即使高温季节母猪采食量仅为 4.7 千克/天，母猪体重损失也会随日粮能量的提高而减少。哺乳母猪能量摄入对其失重和仔猪日增重的影响表明，若哺乳期内母猪失重控制在 10 千克以内和仔猪日增重大于或等于 250 克，日进食能量必须达到 75.24 兆焦以上。假如一胎母猪哺乳期日采食量为 5.5 千克，则日粮的代谢能必须大于或等于 13.79 兆焦/千克，才能满足最佳泌乳量和最大仔猪日增重的需要。综合日采食量和营养物质浓度，初产期母猪日粮代谢能大于或等于 14 兆焦/千克、赖氨酸大于或等于 1.2%。日进食营养物质总量：代谢能大于或等于 66.94 兆焦/千克，赖氨酸大于或等于 60 克。要根据不同季节、环境压力等因素适当调整饲粮营养浓度，确保日进食营养物质总量。例如一头 150 千克的青年母猪，带仔 10 头，28 天目标断奶窝增重 85 千克（初生均重 1.5 千克）。则母猪需要每天泌乳 10 千克，每日需要摄入不低于 90 兆焦的能量和 64 克的赖氨酸，才能使母猪体组织的损失最低。

由于现代基因型母猪采食量小、体储不足，而且从妊娠后期就开始分解体脂，并延续到整个繁殖周期，再加上日粮的容积有限，很难把日粮的能量值做到最高。那么，在一产母猪哺乳期实际饲养管理过程中如何解决这一突出的矛盾呢？目前，最有效的方案是在妊娠后期和哺乳期日粮中添加 3%～5% 的油脂或 10% 的膨化大豆（母猪对 18 碳以下的中短链不饱和脂肪酸的需要明显）。这一方法既能改善母猪日粮适口性，提高采食量，又有利于减少泌乳期体重损失，提高仔猪成活率，还可减少母猪体增热和夏季高温热应激，减少高产基因型母猪二胎综合征，对提高母猪连续生产能力具有重要意义。

（2）蛋白质 日粮高蛋白水平可使一胎母猪哺乳期体蛋白损失减少，背膘下降少，降低泌乳期母猪的失重，断奶后直径 4～6 毫米卵泡数

增多，断奶至发情间隔缩短，下一胎次窝产仔数增加。

【提示】

制定一产母猪哺乳期的营养标准，必须综合考虑本场母猪品种、采食量、环境条件、硬件设施、管理水平等实际情况，以日摄入蛋白质总量核算其营养物质的浓度。要求现代基因型初产母猪泌乳期日粮粗蛋白大于或等于18%，赖氨酸大于或等于1.2%；日饲喂4次以上，采食量5.23~5.71千克/(天·头)。

二、提高管理的关键技术措施

1. 妊娠期管理的关键技术措施

（1）适度攻胎 部分猪场的管理者认为，一产母猪妊娠期不需要攻胎，担心攻胎会导致胎儿过大而增加难产的发生率。如果不攻胎，一产母猪围产期会因采食量少而动用体储供给胎儿发育，导致妊娠期沉积在脂肪中的黄体酮释放，延迟分娩。此外，动用本就有限的体储，将导致一胎母猪在妊娠后期就开始失重掉膘，不但无法达到一胎母猪妊娠期净体增重50千克的目标（最低净体增重不得低于35千克），也会因母猪体质下降使分娩状况变差（如便秘、产程延长、产死胎和弱仔），出现产后不食、产后感染、无乳少乳等。因此，一胎母猪妊娠后期可依据母猪体况、仔猪初生目标体重、饲养管理水平、营养水平、环境因素等条件适度攻胎，而不是不攻胎。攻胎的营养水平要比经产母猪高、采食量要少。攻胎时间比经产母猪晚，因为攻胎太早，母猪过肥，会导致在围产期厌食，同样导致二胎综合征的发生。建议一胎母猪最佳攻胎时间为妊娠100天以后，攻胎期饲喂量不超过3千克/天，二产母猪攻胎时不超过3.5千克/天；产前2天根据母猪膘情决定是否减料。攻胎期的营养首选继续饲喂后备母猪饲料或专用攻胎日粮，切忌饲喂经产母猪的哺乳母猪料。

（2）锻炼胃肠功能 一产母猪妊娠期是“撑大”肚子，锻炼胃肠功能的有利时机，以此抵消瘦肉型母猪胃肠容积小的缺陷。只有足够的胃肠容积和良好的功能，才能提高哺乳期采食量、提高泌乳力，减轻哺乳期掉膘失重，降低母猪二胎综合征的发生。鉴于此，一胎母猪在整个妊娠期应补充优质粗纤维饲料，特别是青绿饲料。这样既可以减少母猪便秘，锻炼肠道功能，撑大胃肠容积；又可以促进生殖器官发育，增加母猪幸福指数。特别是在临产前3天和产后7天补喂青绿饲料，对于减少泌乳障碍，增加哺乳7天后的采食量最为理想。因为临产前2天需要逐渐减少饲喂量，产后7天需要逐天增加饲喂量，即这9天时间里是需要适度限饲的，如果增加青饲料饲喂量就可以维持饱食感和增进食欲，为顺利分娩和迅速增加分娩7天后的采食量打下基础。若青绿饲料来源不足，也可添加6%~8%优质粗纤维和适量的非淀粉多糖、寡糖。

2. 哺乳期管理的关键技术措施

（1）缩短哺乳时间 为避免哺乳期母猪体重损失过多，尽早恢复体况，应缩短哺乳期，适时断奶，减轻哺乳期营养流失的压力，避免母猪二胎综合征的发生。对部分增重较快的仔猪，在条件允许的情况下可提早采取个体断奶法；对体况较差的仔猪继续哺乳。这种分批断奶的方法可有效恢复一产母猪子宫、卵巢的功能，从而提高二胎母猪发情率，增加产仔数和成活率。原则上一胎母猪的哺乳期不应超过28天，以25~28天为宜，带仔数不超过10头。

（2）最大化日进食营养物质总量 一胎母猪泌乳期掉膘失重比任何阶段都严重，为补充营养物质的严重丢失，必须提高日进食营养物质总量。采食量是影响日进食总量的关键因素。目前，一产母猪哺乳期最佳日采食量一般为5.0~5.5千克/天，很难突破6千克/天。基于现代基因型母猪采食量小的特点，当采食量无法增加时，只有提高日粮的营养浓度，才能满足日摄入营养物质总量的需求。

（3）增加饲喂次数 一产母猪哺乳期通过增加饲喂次数来提高日进食营养物质的总量是一个很有效的办法。目前，大多数猪场仍旧采用日喂3次的方法，少部分猪场仍有日喂2次的现象。日喂3次与日喂4次相比，每天每头母猪少采食1千克，即相当于每天每头母猪少摄入12.54兆焦的代谢能、17克蛋白质和9克赖氨酸。建议一产母猪哺乳期在日饲喂3次的基础上，每天再增加饲喂次数1~2次，特别是夏季高温季节。

（4）创造有利的环境条件 适宜的环境温度（18~20℃）是提高哺乳期母猪采食量的首要条件，当环境温度超过24℃时，温度每升高2℃母猪的采食量就会减少0.5千克 。其次，保证母猪清洁充足的饮水是增加采食量和提高泌乳量的重要因素。湿拌料对提高泌乳母猪采食量影响较大，不仅能提高日采食量，而且能降低母猪胃溃疡的发病率。

（5）预防母猪产后感染 一产母猪产后感染的概率比其他阶段都高，因此遭淘汰的比例也高。保持环境卫生，科学接产、助产可有效预防感染。对母猪健康不佳和环境压力较大的猪场，一定要配合生物安全、产前保健、经常消毒等措施。一旦发生感染，要积极治疗。

（6）防止乳腺萎缩 一产母猪的乳头在3天内未被吸吮，会导致乳腺萎缩，且不可逆转。因此，寄养应在3天内进行。以带仔猪数不低于10头为宜，可人工辅助仔猪吸吮发育不良的乳头，避免乳腺萎缩。也可以与经产母猪的仔猪进行互换，增强仔猪的吸吮能力，促进一产母猪乳腺的快速均匀发育。

参考文献

[1] 陈建雄. 霉菌毒素对猪的危害及防制措施 [J]. 养猪, 2006 (1): 49-52.

[2] 陈来华, 王立贤, 颜华, 等. 猪胎盘性状与繁殖性能关系的研究 [J]. 养猪, 2009 (2): 13-15.

[3] 陈建荣, 谭良溪, 陈立祥, 等. 断奶日龄对母猪繁殖性能的影响 [J]. 饲料工业, 2006, 27 (15): 59-61.

[4] 程忠林. 猪的光照 [J]. 养猪, 2006 (6): 12-14.

[5] 付娟林, 钱凤光, 李刚, 等. 现代瘦肉型母猪的特点与饲喂策略 [J]. 养猪, 2009 (2): 17-18.

[6] 郭海燕, 吴德, 王延忠, 等. 营养对初产母猪妊娠早期胚胎存活的调控 [J]. 养猪, 2006 (4): 14-16.

[7] 吉耀春, 杜加法. 母猪体况评价及饲料饲喂量的计算方法 [J]. 饲料广角, 2013 (3): 41-43.

[8] 季文彦, 张东梅. 繁殖母猪存在问题是影响猪场经济效益的关键因素 [J]. 养猪, 2007 (5): 52-53.

[9] 蒋如明. 母猪乏情的现象、原因及对策 [J]. 养猪, 2004 (5): 22-24.

[10] 蓝荣庚. 各种因素对母猪繁殖性能的影响 [J]. 猪业科学, 2005, 22 (9): 66-69.

[11] 芦惟本, 黄川. 论弱仔对养猪生产的危害与成因 [J]. 养猪, 2008 (1): 15-16.

[12] 罗卫星, 蔡惠芬, 费佐元. 妊娠母猪膘情对繁殖性能的影响 [J]. 四川畜牧兽医, 2010, 34 (5): 1-4.

[13] 刘自逵, 罗柏荣. 中国 7 省部分规模猪场母猪繁殖状况调查 [J]. 养猪, 2010 (5): 65-68.

[14] 刘怡冰, 张秋喜, 邢凯, 等. 母猪产程影响因素的研究进展 [J]. 中国畜牧杂志, 2009 (1): 33-36.

[15] 刘慧芳, 周安国, 吴德. 妊娠期饲喂水平对初产母猪繁殖性能和胎盘效率的影响 [J]. 中国畜牧杂志, 2006, 42 (15): 30-32.

[16] 李海涛, 王希彪, 狄生伟, 等. 母猪不同时期背膘厚度与繁殖性能关系的研究 [J]. 黑龙江畜牧兽医, 2009 (6): 64-65.

[17] 潘建文. 母猪繁殖性能影响因素及建议 [J]. 福建畜牧兽医, 2018 (2): 34-36.

[18] 邱荣斌. 减少母猪非生产天数的方法研究 [J]. 中国猪业, 2011 (11):

34-35.

[19] 祁雁，林维槐，王汝良. 母猪围产期综合征及其防控 [J]. 中国畜牧兽医文摘，2014 (12)：176-177.

[20] 乔春生，凌辉. 猪的饮水管理 [J]. 养猪，2006 (5)：53-56.

[21] 王龙钦，邵水龙. 现代瘦肉型后备母猪的培育 [J]. 养猪，2008 (3)：17-18.

[22] 万遂如. 防治妊娠母猪便秘的技术措施 [J]. 养猪，2018 (5)：46-48.

[23] 许光峰，刘新春，庞运东. 后备母猪的配种日龄、体重、背膘厚对母猪繁殖性能的影响 [J]. 养猪，2010 (6)：17-18.

[24] 姚姣姣，田亮，胡健，等. 妊娠母猪膘情对其繁殖性能的影响 [J]. 动物营养学报，2014，26 (6)：1638-1643.

[25] 姚建国，夏东. 气温对猪繁殖力的影响 [J]. 动物科学与动物医学，2000，17 (2)：25-27.

[26] 张守全. 生殖激素及其应用 [J]. 养猪，2006 (2)：17-19.

[27] 张景琰，冀晓红，郭永升. 提高母猪繁殖性能的营养调控 [J]. 浙江畜牧兽医，2005，30 (1)：6-8.

[28] 张伟. 影响乳腺组织发育的因素 [J]. 养猪，2004 (6)：12-15.

[29] 张东梅，王玉琳，季文彦. 哺乳母猪应使用日进食营养标准 [J]. 养猪，2006 (3)：9-10.

[30] ALMEIDA，F. R C，KIRKWOOD R N，AHERNE F X，et al. Consequences of different patterns of feed intake during the estrous cycle in gilts on fertility [J]. Journal of Animal Science，2000，78：1556-1563.

[31] NOBLET J，DOURMAD J Y，ETIENNE M. Energy utilization in pregnant and lactating sows：Modeling of energy requirements [J]. Journal of Animal Science，1990，68：562-572.

[32] REYNOLDS L P，REDMER D A. Angiogenesis in the placenta [J]. Biology of Reproduction，2001，64 (4)：1033-1040.

[33] WU G Y，HU J B. Polyamine synthesis from proline in the developing procine placenta [J]. Biology of Reproduction，2005，72 (3)：842-850.

[34] WU G，BAZER F W，BURGHARDT R C，et al. Impacts of amino acid nutrition on pregnancy outcome in pigs：mechanisms and implications for swine production [J]. Journal of Animal Science，2010，88：195-204.

专家帮你提高效益

怎样提高母羊繁殖效益	怎样提高肉羊养殖效益	怎样提高山羊养殖效益
● 怎样提高母猪繁殖效益	怎样提高母猪养殖效益	怎样提高猪养殖效益
怎样提高母牛繁殖效益	怎样提高母牛养殖效益	怎样提高肉牛养殖效益
怎样提高土鸡养殖效益	怎样提高肉鸡养殖效益	怎样提高蛋鸡养殖效益
怎样提高鸭养殖效益	怎样提高鹅养殖效益	
怎样提高肉鸽养殖效益	怎样提高鹌鹑养殖效益	怎样提高蝎子养殖效益
怎样提高蚯蚓养殖效益	怎样提高肉驴养殖效益	怎样提高中蜂养殖效益
怎样提高黄粉虫养殖效益	怎样提高兔养殖效益	怎样提高蜂养殖效益
怎样提高小龙虾养殖效益	怎样提高蟹养殖效益	怎样提高黄颡鱼养殖效益
怎样提高泥鳅养殖效益	怎样提高池塘养鱼效益	怎样提高南美白对虾养殖效益
怎样提高草莓种植效益	怎样提高桃种植效益	怎样提高辣椒种植效益
怎样提高葡萄种植效益	怎样提高番茄种植效益	怎样提高樱桃种植效益
怎样提高西瓜种植效益	怎样提高黄瓜种植效益	怎样提高甜瓜种植效益
怎样提高珍稀菌种植效益	怎样提高食用菌种植效益	怎样提高砂糖橘种植效益

机械工业出版社
微信公众号

扫一扫获取更多
农业知识

ISBN 978-7-111-67599-0

策划编辑◎周晓伟　高伟

封面设计◎

定价：35.00元

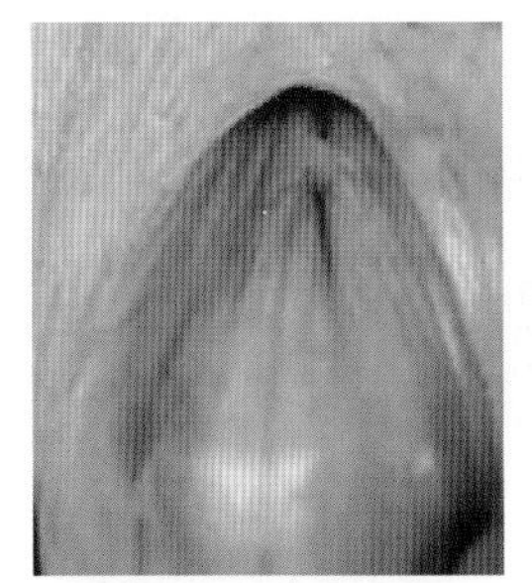

彩图 1　发情初期

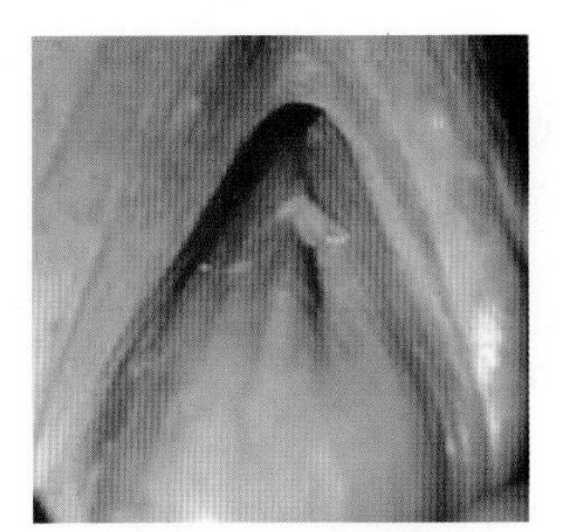

彩图 2　发情盛期

彩图 3　发情盛期黏液表现

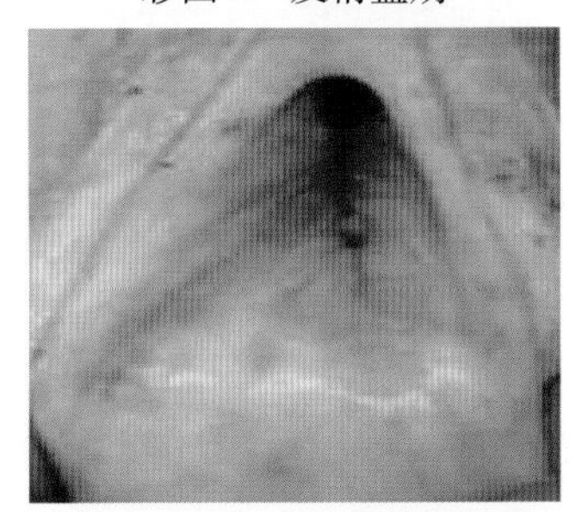

彩图 4　发情后期

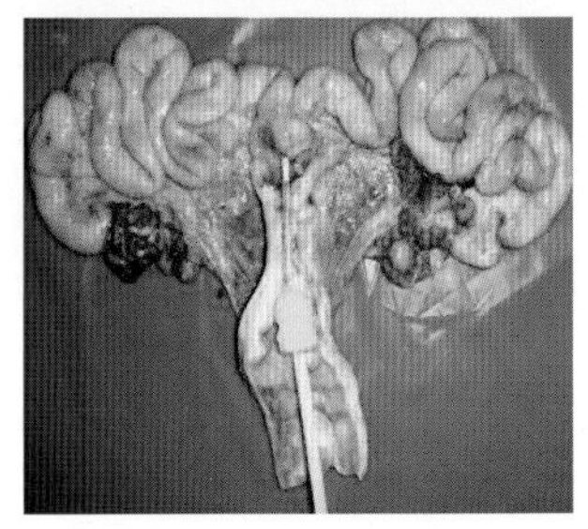

彩图 5　人工授精示意图

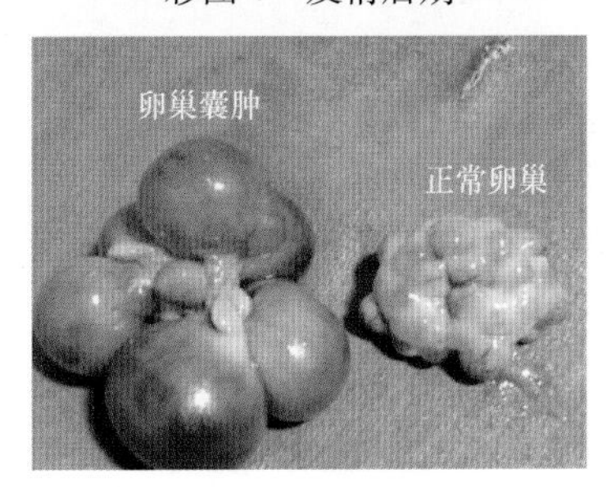

彩图 6　卵巢囊肿

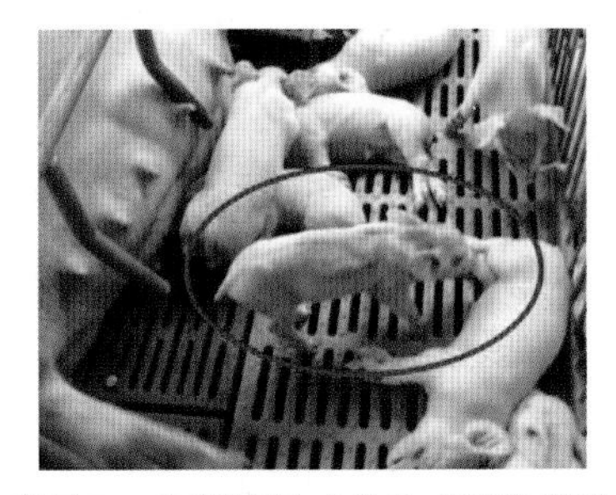

彩图 7　产房弱仔（俗称“掉队猪”）

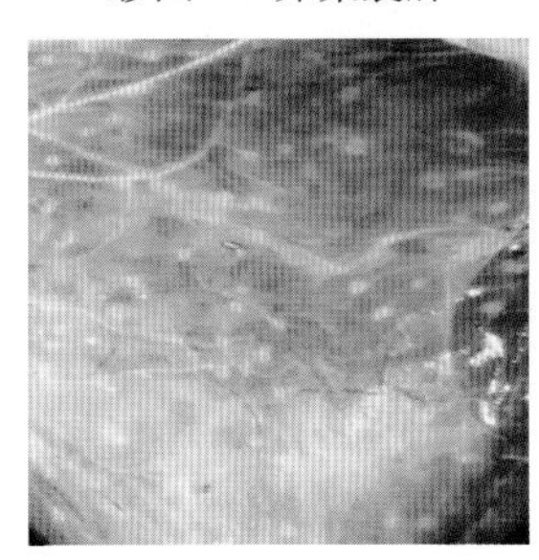

彩图 8　胎衣内胎粪

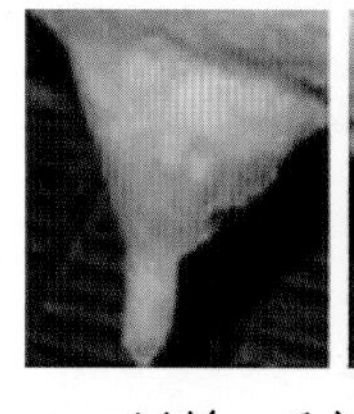

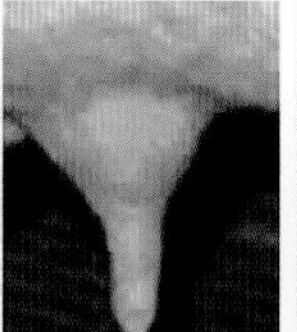

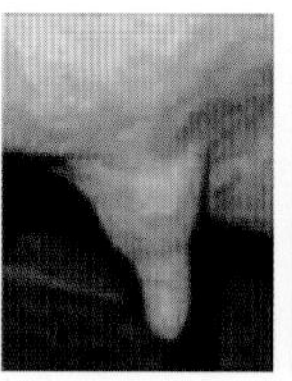

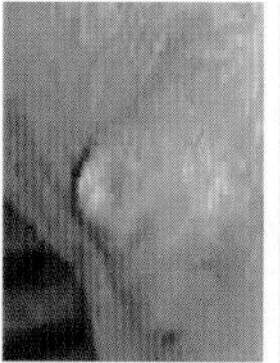

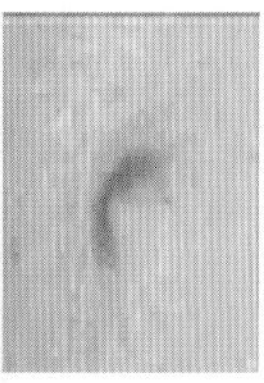

细长型，为发育最优秀的乳头

圆润型，乳头发育很好，乳房发育不理想

看不到括约肌的乳头，一般泌乳不好

发育不良的乳头，管道过短且括约肌反向

没有发育的瞎乳头，无泌乳功能

彩图 9　乳头的形态

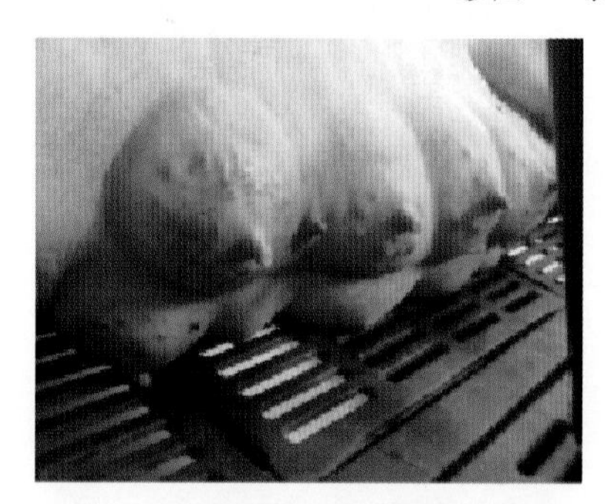

彩图 10　小乳头

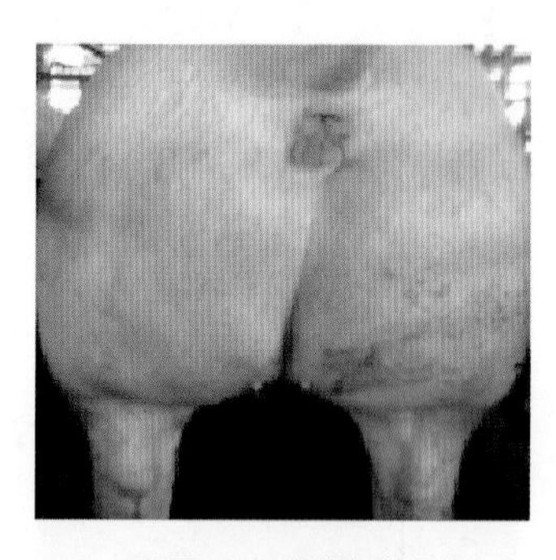

彩图 11　附属乳头

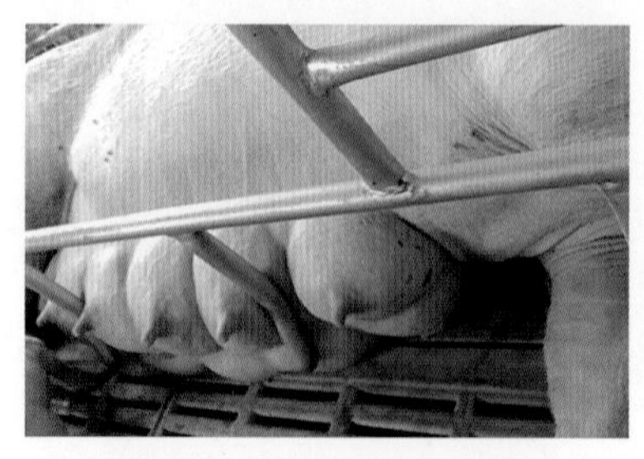

彩图 12　发育良好的乳腺

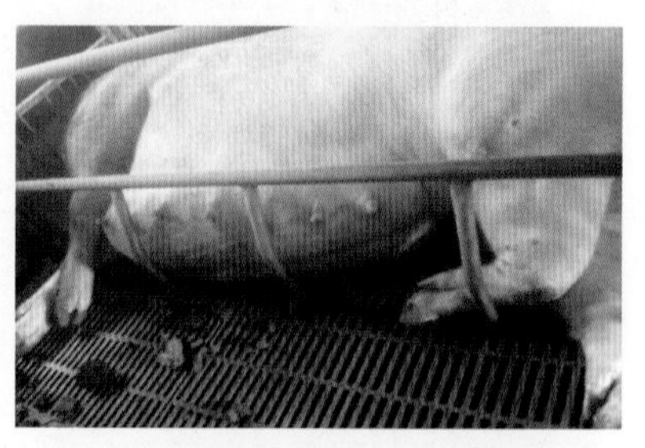

彩图 13　第 3 胎临产前 4 天乳房发育状况

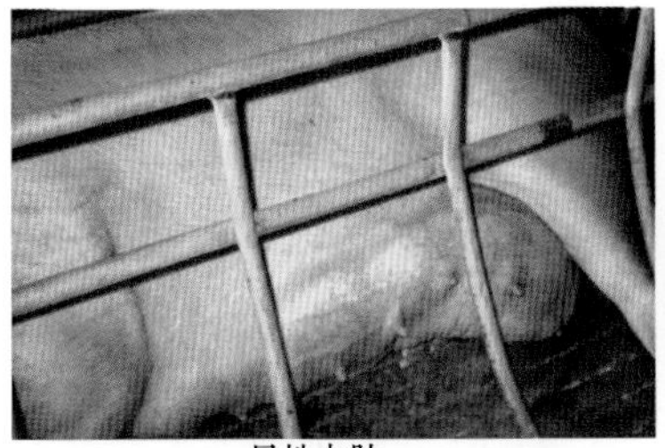

显性水肿

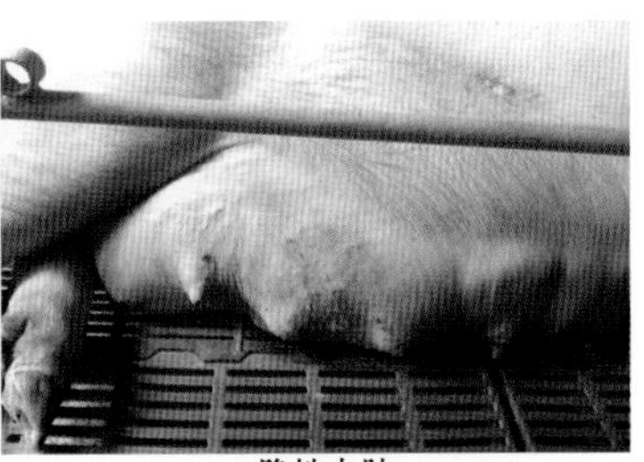

隐性水肿

彩图 14　乳腺水肿

彩图 15　母猪藏奶

彩图 16　仔猪膝盖被磨破

彩图 17　仔猪干湿二槽教槽示意图

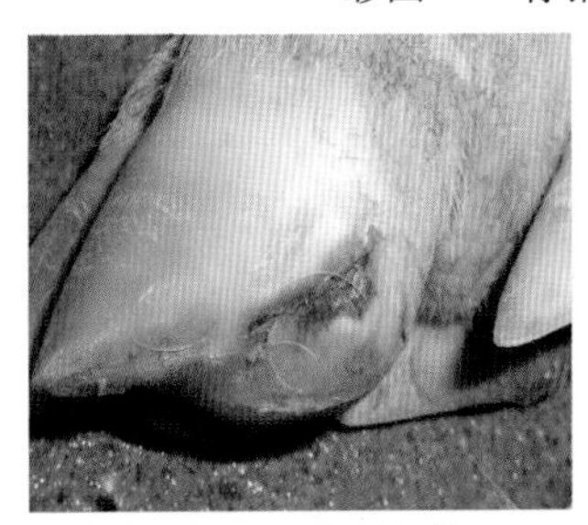

彩图 18　蹄跟损伤

彩图 19　蹄裂

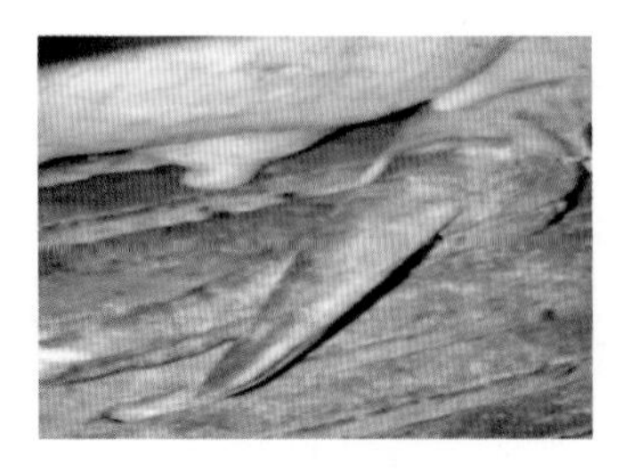

彩图 20　蹄趾过长

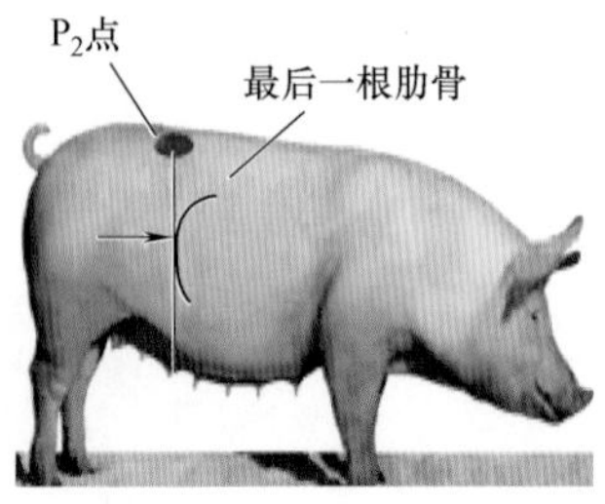

彩图 21　P_2点背膘测量示意图

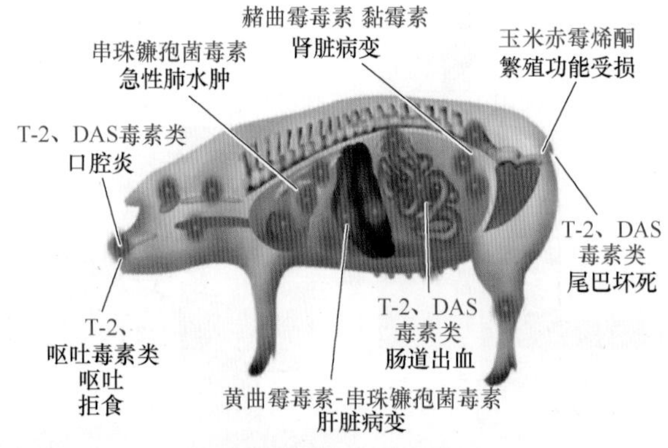

彩图 22　霉菌毒素的危害

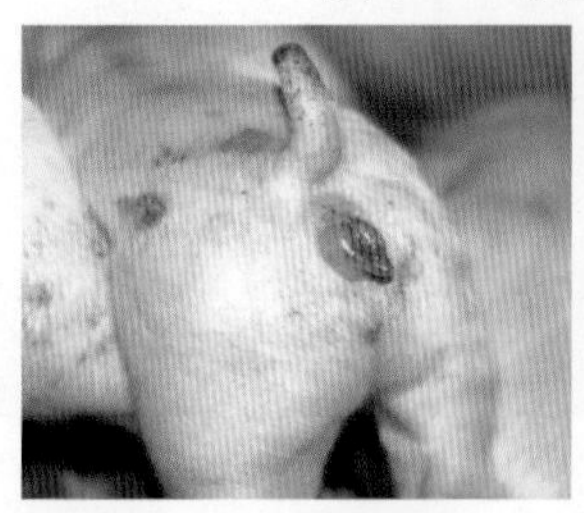

彩图 23　中毒时外阴水肿

彩图 24　长白后备母猪

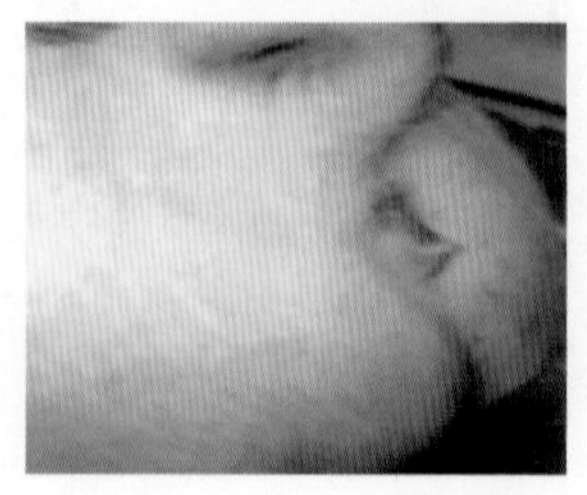

彩图 25　外阴小而上翘